21世纪高职高专规划教材

计算机应用系列

多媒体素材制作项目教程

赵建保 编著

清华大学出版社

北 京

内 容 简 介

本书以"工作过程导向"、"项目化教学"和"核心知识＋核心能力"理念为指导,以多媒体制作工作过程中所必需的职业技能和专业知识为目标,将多媒体制作分解为文本素材采集与处理、图像素材采集与处理、动画制作、音频录制与编辑、视频编辑 5 篇,共 33 个素材制作项目。各篇内容按采集→处理→输出的制作流程进行细分,兼顾先简后难原则。在各素材制作项目中,按项目任务→技能目标→项目实践→知识目标的顺序来组织项目教学内容,项目内容丰富实用,技能针对性强,达到"在项目实践中学技能"、"在项目实践中学知识"、"在项目实践中提高职业能力"的目标。

本书主要作为本科或高职高专多媒体设计与制作、视觉传达、电脑艺术设计、广告设计与制作、教育技术学、新闻学、传播学等专业的教材,也可作为多媒体制作培训班教材和多媒体爱好者的自学参考用书。

图书在版编目(CIP)数据

多媒体素材制作项目教程/赵建保编著.—北京:清华大学出版社,2011.4

(21 世纪高职高专规划教材.计算机应用系列)

ISBN 978-7-302-25323-5

Ⅰ. ①多…　Ⅱ. ①赵…　Ⅲ. ①多媒体技术－高等职业教育－教材　Ⅳ. ①TP37

中国版本图书馆 CIP 数据核字(2011)第 063491 号

责任编辑:张龙卿(sdzlq123@163.com)
责任校对:袁　芳
责任印制:杨　艳
出版发行:清华大学出版社　　　　　　　　　　地　　　址:北京清华大学学研大厦 A 座
　　　　http://www.tup.com.cn　　　　　　邮　　编:100084
社　总　机:010-62770175　　　　　　　邮　　购:010-62786544
投稿与读者服务:010-62776969,c-service@tup.tsinghua.edu.cn
质　量　反　馈:010-62772015,zhiliang@tup.tsinghua.edu.cn
印　刷　者:北京富博印刷有限公司
装　订　者:北京市密云县京文制本装订厂
经　　销:全国新华书店
开　　本:185×260　印　张:17.5　字　数:434 千字
版　　次:2011 年 4 月第 1 版　　印　　次:2011 年 4 月第 1 次印刷
印　　数:1～3000
定　　价:33.00 元

产品编号:041851-01

前　　言

  笔者在近10年的"多媒体制作"、"网站建设"和"影视编辑"课程教学实践中,明显感到学生缺乏多媒体基础知识,素材制作能力不强,灵活应用素材制作软件的能力较差。从2007年开始,我院在各相关专业中开设了"多媒体素材制作"课程,期望通过课程教学,系统地训练学生的素材制作技能,帮助学生建立素材制作的知识框架,为后续专业课程提供规范、实用和灵活的素材制作解决方案。

  本书以工作过程为导向,深入分析职业岗位工作所必需的知识和能力,据此确定课程教学所要达到的知识和能力目标,再将课程目标融入岗位工作过程的项目制作中,以项目为载体,突出能力目标,强调知识必需、够用,注重知识、理论和实践一体化设计,兼顾学生自学能力和可持续发展能力的培养,以达到提高学生素材制作能力的目标。

  本书以培养多媒体素材制作能力为中心,以训练多媒体制作技能和多媒体基础知识为两个基本点,项目遴选坚持"实用、好用、经用"原则,项目实践指导明确细致,知识目标必需、够用,力求深入浅出、循序渐进地将庞杂的多媒体素材制作技术与艺术体验同读者分享。

  本书涉及的软件和程序主要有:Adobe Photoshop CS4、Adobe Flash CS4 Professional、Adobe Premiere Pro CS4、Adobe Audition V3.0、Adobe Dreamweaver CS4、搜狗拼音输入法、Windows字符映射表、Office Word 2003、Office PowerPoint 2003、CAJViewer 7、超星浏览器SSReader 4.01、pdfFactory Pro 3.49、尚书七号 OCR、Macromedia FlashPaper 2、HyperSnap 6、ScreenFlash 2.0、Hollywood FX 5。请在学习前自行下载或购买这些软件,并根据软件向导完成安装。

  本书需要的硬件设备有:计算机、扫描仪、数码照相机或照相手机、摄影灯。使用的计算机最好能连接互联网,在教师组织教学和学生学习实践中,请结合实际条件灵活搭建学习环境。

  本书配套素材资源请登录清华大学出版社网站 http://www.tup.com.cn下载。

  由于计算机多媒体技术的迅猛发展,加之作者项目实践能力和知识视野有限、经验不够丰富,书中难免存在不足之处,恳请读者提出宝贵的意见和建议。

  联系方式(E-mail):mpcer@163.com。

编　者

2011 年 1 月

目　　录

第四篇　音频录制与编辑

第五篇　视　频　编　辑

第一篇　文本素材采集与处理

模块分解	项目名称	硬件、软件与素材
文本采集	项目 1　挑选最适合自己的输入法	搜狗拼音输入法 5.1； QQ 拼音输入法 3.5； 谷歌拼音输入法 2.3； 拼音加加 5.1； 紫光华宇拼音输入法 6.7； 智能 ABC 输入法 5.0
	项目 2　输入繁体字和生僻字	搜狗拼音输入法 5.1
	项目 3　输入自定义短语	搜狗拼音输入法 5.1
	项目 4　输入数学公式	Office Word 2003
	项目 5　摘录网页文字	HyperSnap 6
	项目 6　摘录 PDF 文档文字	CAJViewer 7； 超星浏览器； pdfFactory Pro
	项目 7　拍照识别长文稿	尚书七号 OCR
字体管理	项目 8　设计签名	叶根友签名体； 叶根友疾风草书； 叶根友钢笔行书升级版； 叶根友钢笔行书简体； 叶根友非主流手写； 叶根友刀锋黑草
文档编排	项目 9　制作应届生求职简历	Office Word 2003
	项目 10　排版《规划纲要》	Office Word 2003
编码转换	项目 11　制作 SWF 格式的《规划纲要》	Office Word 2003； Macromedia FlashPaper 2
	项目 12　转换繁体文章为简体文章	Office Word 2003

项目1 挑选最适合自己的输入法

1.1 项 目 任 务

搜集当前主要的键盘输入法信息,下载并安装输入法,选择一种最适合自己的输入法,通过 3 篇输入法测试文章,记录花费的录入时间和使用体验。

1.2 技 能 目 标

- ✓ 基于主题网络资源的获取和应用。
- ✓ 输入法的安装、配置和管理。
- ✓ 个性化的输入法的选择标准。
- ✓ 输入法评测方法。

1.3 项 目 实 践

1.3.1 获得主流输入法信息

目前拼音输入法主要有搜狗拼音输入法、紫光华宇拼音输入法、QQ 拼音输入法、谷歌拼音输入法、拼音加加、智能 ABC 输入法等,各输入法信息如表 1-1 所示。

表 1-1 拼音输入法信息

输入法名称	版本	安装包大小/MB	类型	官方下载地址
搜狗拼音输入法	5.1	17.49	拼音	http://pinyin.sogou.com/
紫光华宇拼音输入法	6.7	19.4	拼音	http://www.unispim.com/
QQ 拼音输入法	3.5	21.7	拼音	http://py.qq.com/
谷歌拼音输入法	2.3	10.6	拼音	http://www.google.com
拼音加加	5.1	6.90	拼音	http://dir.jjol.cn/Pyjj/
智能 ABC 输入法	5.0	系统自带	拼音	http://www.microsoft.com/

目前五笔输入法主要有搜狗五笔输入法、微软王码五笔输入法、万能五笔输入法、极品五笔、大手笔中文输入法、五笔加加等,各输入法信息如表1-2所示。

表1-2　五笔输入法信息

输入法名称	版　本	安装包大小/MB	类　型	官方下载地址
搜狗五笔输入法	2.0	8.68	字形	http://wubi.sogou.com/
微软王码五笔输入法	86&98	1.35	字形	http://www.microsoft.com/
万能五笔输入法	7.80	16.8	音形码	http://www.wnwb.com/
极品五笔	7.1	1.88	字形	http://www.jpwb.cc/
大手笔中文输入法	1.0	1.0	五笔	http://dzxy.363.net/
五笔加加	2.5	1.99	五笔	http://wbfans.yeah.net/

1.3.2　输入法安装与评测

安装搜狗拼音输入法5.1、QQ拼音输入法3.5、谷歌拼音输入法2.3、拼音加加5.1、紫光华宇拼音输入法6.7和智能ABC输入法5.0到当前操作系统中。在文字输入模式下,按Shift+Ctrl组合键测试输入法是否安装成功。

录入速度测试。本次仅测试录入速度,分别用安装的6种拼音输入法输入下面三段文字,并将花费的录入时间记录到表中,并用表汇总输入用时信息。

测试文章1:计算机专业文章(摘自《金山打字通》)。

20世纪90年代中期,全面超越486的新一代586处理器问世,为了摆脱486时代处理器名称混乱的困扰,最大的CPU制造商Intel公司把自己的新一代产品命名为Pentium(奔腾)以区别AMD和Cyrix的产品。AMD和Cyrix也分别推出了K5和6x86处理器来对付Intel,但是由于奔腾处理器的性能最佳,Intel逐渐占据了大部分市场。

该段文章的录入用时和主要体验见表1-3。

表1-3　输入法评测用表1

输入法名称	录入用时	主　要　体　验
搜狗拼音输入法		
紫光华宇拼音输入法		
QQ拼音输入法		
谷歌拼音输入法		
拼音加加		
智能ABC输入法		

测试文章2:古文(摘自《大学》)。

古之欲明明德于天下者,先治其国;欲治其国者,先齐其家;欲齐其家者,先修其身;欲修其身者,先正其心;欲正其心者,先诚其意;欲诚其意者,先致其知;致知在格物,物格而后知至,知至而后意诚,意诚而后心正,心正而后身修,身修而后家齐,家齐而后国治,国治而后天下平。

该段文章的录入用时和主要体验见表1-4。

表 1-4　输入法评测用表 2

输入法名称	录入用时	主 要 体 验
搜狗拼音输入法		
紫光华宇拼音输入法		
QQ 拼音输入法		
谷歌拼音输入法		
拼音加加		
智能 ABC 输入法		

测试文章 3：计算机专业词汇（摘自《金山打字通》）。

信息技术 计算机应用技术 软件工程 数据通信 计算机控制 信息系统 多媒体计算机重新启动 布尔运算 时间有界图灵机 遗传规划算法 安全识别 身份验证 边界检测 循环冗余检验 嵌入式计算机 格式化容量 图像识别 高维索引

该段文章的录入用时和主要体验见表 1-5。

表 1-5　输入法评测用表 3

输入法名称	录入用时	主 要 体 验
搜狗拼音输入法		
紫光华宇拼音输入法		
QQ 拼音输入法		
谷歌拼音输入法		
拼音加加		
智能 ABC 输入法		

前面三段文章的录入用时汇总信息见表 1-6。

表 1-6　输入法评测汇总用表

输入法名称	测试 1 用时	测试 2 用时	测试 3 用时	总用时
搜狗拼音输入法				
紫光华宇拼音输入法				
QQ 拼音输入法				
谷歌拼音输入法				
拼音加加				
智能 ABC 输入法				

搜狗拼音输入法测评结论：

紫光华宇拼音输入法测评结论：

QQ 拼音输入法测评结论：

谷歌拼音输入法测评结论：

拼音加加测评结论：

智能 ABC 输入法测评结论：

拼音输入法选择建议：

1.4 知 识 目 标

1.4.1 汉字输入方案

汉字输入方案大致可分为自然输入和编码输入两类。

1. 自然输入

自然输入指汉字的扫描识别、手写识别和语音识别。

（1）扫描识别。扫描识别又称 OCR（Optical Character Recognition，光学字符识别），是指通过扫描仪或数码照相机等光学输入设备，将纸张上的图文信息输入计算机，识别软件提取扫描稿的字符形状，然后将形状映射为计算机文字的过程。扫描识别多用于大量文字的快速录入。

（2）手写识别。用手写笔在手写板上写字，手写板将手写笔书写轨迹输入到计算机识别软件，识别软件根据采集到的笔迹之间的位置关系和时间关系信息来识别所写的字，并把结果显示在屏幕上。识别率是手写输入系统的最重要指标，字体不同和字迹潦草都会影响识别率。

（3）语音识别。语音识别包括命令控制和听写两种功能。命令控制是指向计算机发一个简单的声音指令来操控计算机；听写是通过语音识别软件将麦克风输入的语音信号转换成文字的过程。语音识别的最终目的是要实现大词汇量、非特定人连续语音识别，实现人机自然交互。语音识别输入的产品有 IBM ViaVoice。目前扫描识别和手写识别已经进入了实用阶段，语音识别技术还不够完善。

2. 编码输入

编码输入是目前普遍采用的汉字输入方法，它将汉字进行编码以便通过英文键盘输入汉字。编码输入可分为数字类、音码类、形码类和音形类 4 种类型。

（1）数字类。把汉字作为一个整体，采用一定的规则排定汉字的先后次序，用序号作为汉字的编码，例如国标区位码。这类编码输入方便，没有重码，可达到很高的输入效率。但由于编码记忆量很大，因而仅适合专职操作员使用，对于普通用户来说是无法接受的。

（2）音码类。根据汉字的读音，把汉语拼音的声母、韵母与英文字母相联系，用英文字母作为汉字的编码，例如搜狗拼音输入法。这类编码非常容易学习，尤其适合于非专职操作员。但由于汉字的同音字极多，因而这类编码的重码较多，输入效率难以提高。

（3）形码类。根据汉字是象形文字的特点，把汉字拆分成一些相对不变的基本结构，然后利用英文字母或数字对这些基本结构进行编码，例如搜狗五笔输入法。这类编码重码率较低，输入效率较高，但编码规则通常较多，必须通过一段时间的训练才能掌握。

（4）音形类。根据汉字的音和形两个信息编码，例如快速码，与形码或音码比较，这类编码的规则简单，重码少，但掌握这类编码需要拼音和字形两个方面的知识。

1.4.2 输入法术语

1. 简拼

简拼是输入声母或声母的首字母来进行输入的一种方式。有效地利用简拼，可以大大地提高汉字输入效率。拼音输入法大多支持声母简拼、声母首字母简拼和混合简拼，声母简拼需要输入较多字母而且容易造成误打，而声母首字母简拼输入字母较少。当候选词过多时,可以采用简拼和全拼混用的模式,这样能够兼顾最少输入字母和最高输入效率。

2．智能组词

智能组词也叫动态组词,通过熟悉和记录用户的使用习惯,将用户常用词组自动加入系统词库,候选词输出时优先显示用户常用词组,以提高选词速度。

3．动态词频

词频是指一个词使用的频繁程度。输入法标准库中同音词的词序安排反映了使用频率的一般规律,但对于不同使用者来说,可能有较大的差异。动态词频按照用户字词的使用频率调整候选词排序,经常输入的字词会靠前显示以供用户候选。

4．模糊音

模糊音专是为某些音节容易混淆的人设计,可设置声母模糊音和韵母模糊音。声母模糊音如 s＝sh、c＝ch、z＝zh 等,韵母模糊音如 an＝ang、en＝eng、in＝ing。模糊音详细对照如图 1-1 所示。

图 1-1　模糊音对照

5．词库管理

支持词库管理的输入法可以备份、还原、删除用户词库,当重新安装操作系统或者将用户输入法词库在计算机间同步使用时非常有用。搜狗拼音输入法的用户词库管理界面如图 1-2 所示。

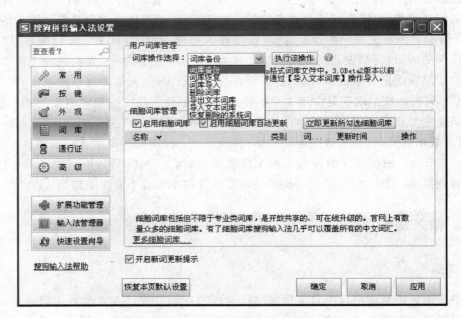

图 1-2　搜狗拼音输入法的用户词库管理功能界面

6．自定义短语

　　自定义短语通过字符串作为缩写来输入自定义的特殊符号、短语、短文等，如可以定义 yx 代表电子邮箱 jbzhao@gdaib.edu.cn，txdz 代表通信地址"广州市天河区燕都路"。搜狗拼音输入法的自定义短语设置界面如图 1-3 所示。

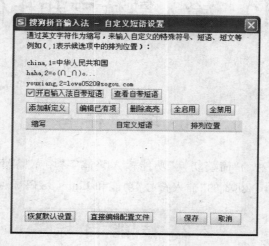

图 1-3　搜狗拼音输入法的自定义短语设置界面

7．网址与邮箱输入模式

　　该模式能够在中文输入状态下输入网址和邮箱地址。

项目2　输入繁体字和生僻字

2.1　项目任务

使用搜狗拼音输入法的"简繁切换"功能输入繁体字"中華醫藥"。分别使用 Windows 字符映射表、Office Word 2003 的"插入符号"功能和 Unicode 码 3 种方法输入生僻字"讖"。

2.2　技能目标

✓ 繁体字输入设置。
✓ 繁体字输入。
✓ 使用字符映射表输入生僻字。
✓ 使用 Word 输入生僻字。
✓ 使用 Unicode 码输入生僻字。

2.3　项目实践

2.3.1　搜狗拼音输入法的安装

启动浏览器,在地址栏输入 http://pinyin.sogou.com/?p=40031101&kw=,下载最新版搜狗拼音输入法,如图 2-1 所示。双击安装文件,根据安装向导提示安装搜狗拼音输入法。

2.3.2　输入繁体字

按 Shift + Ctrl 组合键切换到搜狗拼音输入法 ，弹出输入法状态栏 ，右击输入法状态栏,从弹出的菜单项中选择【简繁切换】命令,切换到繁体中文模式,如图 2-2 所示。

然后仍按简体汉字拼音输入规则输入"中華醫藥",繁体字输入完毕后,再次选择【简繁切换】命令切换回简体中文模式。

sogou_pinyin_51a

图 2-1　下载搜狗拼音输入法

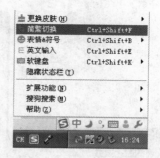

图 2-2　搜狗拼音的繁体字输入设置

2.3.3　使用字符映射表输入生僻字

大多数人不知道"譏"字如何读,无法通过拼音输入法输入,这时候可以借助 Windows XP 的"字符映射表"来输入生僻字。

选择【开始】|【程序】|【附件】|【系统工具】|【字符映射表】命令,弹出【字符映射表】对话框,如图 2-3 所示。

图 2-3　【字符映射表】对话框

单击【字体】下拉列表框的下三角按钮,从弹出的字体列表项中选择"宋体"。单击【分组】下拉列表框的下三角按钮,从弹出的下拉列表项中选择"按偏旁部首分类的表意文字",弹出【分组】对话框,在【分组】对话框中选择"言"(见图 2-4(a)),在【字符映射表】对话框中拖动垂直滚动条到 17 画汉字区单击"譏"字,单击【选择】按钮,如图 2-4(b)所示。然后单击【复制】按钮将该字复制到剪贴板,在目标程序中粘贴使用即可。

(a)【分组】对话框   (b) 选择文字

图 2-4　字符映射表的设置

2.3.4　使用 Word 输入生僻字

在 Word 中输入含有生僻字偏旁的汉字，比如"认"，先选择"认"字，然后选择【插入】|【符号】命令，弹出【符号】对话框，如图 2-5 所示。

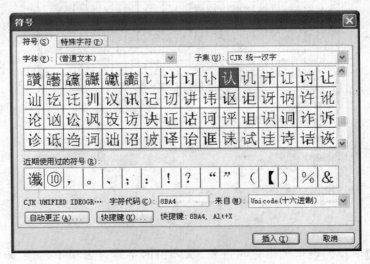

图 2-5　【符号】对话框

在"认"字的前后耐心寻找，找到"讝"字后，如图 2-6 所示，单击【插入】按钮，将该字插入到 Word 文档当前光标处。

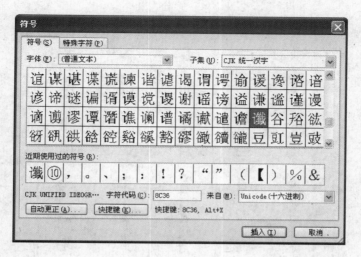

图 2-6　插入生僻字

2.3.5　使用 Unicode 码输入生僻字

若经常用到某个生僻字,最好能记住该字的 Unicode 码,如在 Word 的【符号】对话框的【字符代码】文本框中显示了"讝"字的 Unicode 码为 8C36。当需要输入该字时,直接在 Word 中输入 8C36,按 Alt＋X 组合键切换到字符模式即可。

对于宋体没有包括的字符,查字时可选择比宋体更大的字符集,如"宋体-方正超大字符集"。若计算机中没有"宋体-方正超大字符集",可以上网下载并安装后再输入生僻字。

2.4　知 识 目 标

2.4.1　汉字演变路线

早在新石器时代的仰韶文化中,就出现了彩陶上的记事符号,它既是汉字的雏形,也是书法艺术的雏形。夏朝已经产生了初步的象形字,殷商时期出现了用锐器刻画在龟甲兽骨上的甲骨文,它是中国现存最古老的成体系的文字,也是商代书法的代表。金文在殷周晚期(公元前 14 世纪至公元前 11 世纪)业已成熟,到了周代进入了全盛时期,是周代书法的典范。先秦时代的甲骨文和金文与春秋战国时期出现的石鼓文就书体而言属于大篆。秦代秦始皇统一中国后在全国范围内统一文字,世称"书同文",大篆被法定文字小篆所取代。汉代时期篆书演变成隶书,隶书是篆书的简化。魏晋南北朝是书体演变的主要时期,楷、草、行、隶等各种书体同时发展,风格多样。唐代时期楷、草、行、隶、篆取得了很大成就,尤以楷、行、草成就最大。唐代楷书以虞世南、欧阳询、褚遂良、薛稷、颜真卿、柳公权最为有名,李邕的"李思训碑"和颜真卿的"祭侄文稿"则是唐代行书的极品,孙过庭、张旭、怀素为唐代草书大家,李阳冰的篆书独步一时。宋代随着印刷术的发明,简体字由碑刻和手写转到雕版印刷的书籍上,从而扩大了简体字的流行范围,数量大大增多。汉字演变的总趋势就是从繁到简,如图 2-7 所示。

图 2-7　汉字演变路线

2.4.2　汉字编码标准的发展

1980 年国家标准总局发布了《信息交换用汉字编码字符集—基本集》,这是 1981 年 5 月 1 日开始实施的一套国家汉字编码字符集标准,标准号是 GB 2312—1980。该标准规定了汉字信息交换用的基本图形字符及其二进制编码表示,收录了一般符号 202 个,序号 60 个,数字 22 个,拉丁字母 52 个,日文假名 169 个,希腊字母 48 个,俄文字母 66 个,汉语拼音符号 26 个,汉语注音 37 个,汉字 6763 个(分成两级,第一级汉字 3755 个,第二级汉字 3008 个)。GB 2312—1980 适用于一般汉字处理、汉字通信等系统之间的信息交换。

中华人民共和国国家标准《信息技术　通用多八位编码字符集(UCS)》(GB 13000.1—1993)于 1993 年 12 月 24 日获得国家技术监督局批准,并于 1994 年 8 月 1 日开始实施。该标准规定了通用多八位编码字符集(UCS),它可用于世界上各种语言的书面形式以及附加的表示、传输、交换、处理、存储、输入及显现。

1995 年又颁布了《汉字编码扩展规范(GBK)》,GBK 与 GB 2312—1980 国家标准所对应的内码标准兼容,支持全部中、日、韩(CJK)共计 20902 个汉字,是继 GB 2312—1980 和 GB 13000.1—1993 之后最重要的汉字编码标准。

信息产业部和国家质量技术监督局在 2000 年 3 月 17 日联合发布国家标准《信息交换用汉字编码字符集基本集的扩充》(GB 18030—2000),规定了信息交换用的图形字符及其二进制编码的十六进制表示。该标准在字汇上支持 GB 13000.1—1993 的全部中、日、韩(CJK)统一汉字字符和全部 CJK 统一汉字扩充 A 的字符,并且作为国家标准在 2001 年 1 月正式强制执行。

2005 年发布的《信息技术—中文编码字符集》(GB 18030—2005)在 GB 18030—2000 的基础上增加了 42711 个汉字和多种少数民族文字的编码。该标准自发布之日起代替

GB 18030—2000。

2.4.3　生僻字

生僻字又称冷僻字,指不常见的或不熟悉的汉字。秦代的《仓颉》、《博学》、《爰历》三篇共有 3300 字。汉代扬雄所作《训纂篇》有 5340 字。许慎所作《说文解字》有 9353 字。晋宋以后,文字又日渐增繁。据唐代封演《闻见记·文字篇》记载,晋吕忱所作《字林》有12824 字。后魏时期的杨承庆所作《字统》有 13734 字。梁顾野王所作《玉篇》有 16917 字。唐代孙强增字本《玉篇》有 22561 字。宋代司马光修所作《类篇》多至 31319 字。清代《康熙字典》有 47035 字。1915 年欧阳博存等的《中华大字典》有 48000 多字。1959 年日本诸桥辙次的《大汉和辞典》收字 49964 个。1971 年张其昀主编的《中文大辞典》有 49888 字。1990 年徐仲舒主编的《汉语大字典》收字数为 54678 个。1994 年冷玉龙等的《中华字海》收字数多达 85000 字。以上文章,书籍中包含了大量的生僻字。

2.4.4　汉字分级

《通用规范汉字表(征求意见稿)》收字 8300 个,根据现代汉字的通用程度划分为三级,确定了各级字表的收字以及每个字的宋体标准字形和字用范围。一级字表收字 3500 个,是使用频度最高的常用字集,主要满足基础教育和文化普及层面的用字需要,图 2-8 显示了一级汉字的片段。

《通用规范汉字表》一级字表

一画		0027	土	0059	尸	0089	支	0121	手
		0028	士	0060	已	0090	厅	0122	气
0001	一	0029	才	0061	巳	0091	不	0123	毛
0002	乙	0030	下	0062	巴	0092	犬	0124	壬
		0031	寸	0063	弓	0093	太	0125	升
二画		0032	大	0064	子	0094	区	0126	夭
		0033	丈	0065	卫	0095	历	0127	长
0003	二	0034	与	0066	也	0096	歹	0128	仁
0004	十	0035	万	0067	女	0097	友	0129	什
0005	丁	0036	上	0068	刃	0098	尤	0130	片
0006	厂								

图 2-8　一级汉字片段

二级字表收字 3000 个,使用频度低于一级字,图 2-9 显示了二级汉字的片段。

一、二级字表的 6500 字,主要满足现代汉语文本印刷出版的需要。

三级字表收字 1800 个,是姓氏人名、地名、科学技术术语和中小学语文教材文言文用字中未进入一、二级字表且较通用的字,主要满足与大众生活和文化普及密切相关的专门领域的用字需要,图 2-10 显示了三级汉字的片段。

《通用规范汉字表》二级字表

二画	3527 毋	3557 讫	3587 夼	3619 犸
3501 义	五画	3558 尻	3588 戍	3620 舛
3502 乜	3528 邘	3559 阢	3589 炝	3621 凫
三画	3529 邛	3560 夽	3590 乩	3622 邬
3503 兀	3530 艽	3561 弁	3591 旯	3623 汩
3504 弋	3531 芀	3562 驭	3592 曳	3624 汜
3505 孑	3532 札	六画	3593 岌	3625 汐
3506 孓	3533 叵	3563 匡	3594 屺	3626 汲
3507 幺	3534 匜	3564 耒	3595 凼	3627 汜
	3535 丕	3565 玎	3596 囡	3628 汉
			3597 钇	3629 忖

图 2-9　二级汉字片段

《通用规范汉字表》三级字表

三画	6525 扞[3]	6557 诉[6]	6587 荕	6619 佖
6501 亍	6526 圲	6558 谻	6588 芰	6620 佁
6502 彳	6527 垇	6559 讻	6589 芴	6621 肜
四画	6528 芏	6560 孖	6590 芫	6622 飚[7]
6503 邘	6529 芄	6561 阺	6591 杕	6623 狙
6504 印	6530 机	6562 妌	6592 杙	6624 郎
6505 殳	6531 朷	6563 绌	6593 杆	6625 疕
6506 甪	6532 郝	6564 纩	6594 机	6626 阆
6507 册	6533 郏	七画	6595 杧	6627 汧
	6534 郆[4]	6565 玗	6596 枂	6628 洴
	6535 吒[5]		6597 尪	6629 沶

图 2-10　三级汉字片段

项目3   输入自定义短语

3.1   项 目 任 务

使用搜狗拼音输入法的"自定义短语"功能,定义公司名称"广东信源彩色印务有限公司"的快速拼音输入码为 xycy。

3.2   技 能 目 标

✓ 输入法配置。
✓ 确定自定义短语。

3.3   项 目 实 践

3.3.1   确定自定义短语

按 Shift + Ctrl 组合键切换到搜狗拼音输入法 [CH 🔍 ✒ ☐🔤] ,弹出输入法状态栏 [🔍中 🌙 °🌐 ⌨ ♣ 🔧] ,右击输入法状态栏,从弹出的菜单项中选择【设置属性】命令,弹出【搜狗拼音输入法设置】对话框,单击【高级】标签,激活【高级】选项卡,如图 3-1 所示。

在【高级模式】选项区,单击【自定义短语设置】按钮,弹出【搜狗拼音输入法-自定义短语设置】对话框,如图 3-2 所示。

单击【添加新定义】按钮,弹出【搜狗拼音输入法-添加自定义短语】对话框,在【缩写】文本框中输入 xycy,在【该条短语在候选项中的位置】下拉列表框中选择 1,在【支持多行,空格,最长 30000 个汉字或英文字符,其中回车为两个字符】文本框中输入"广东信源彩色印务有限公司",如图 3-3 所示,单击【确定添加】按钮,添加自定义短语到词库。

单击【保存】按钮,关闭【搜狗拼音输入法-自定义短语设置】对话框。单击【确定】按钮,关闭【搜狗拼音输入法设置】对话框,返回到字符输入状态。

3.3.2   输入自定义短语

在定义公司名称专用短语后,需要输入"广东信源彩色印务有限公司"时,切换到搜狗拼

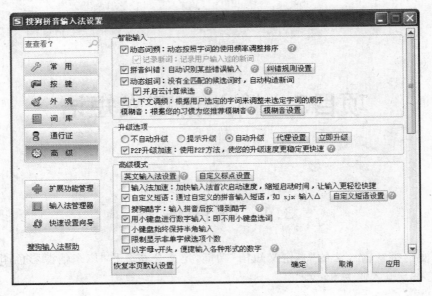

图 3-1　激活【高级】选项卡

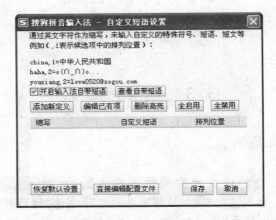

图 3-2　【搜狗拼音输入法-自定义短语设置】对话框

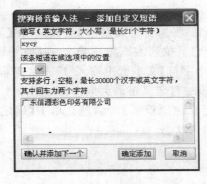

图 3-3　添加自定义短语

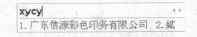

图 3-4　输入自定义的短语

音输入法,输入 xycy,就实现了公司名称的输入,如图 3-4 所示。

3.4　知 识 目 标

下面介绍如何自定义短语。

自定义短语通过特定字符串来输入自定义好的文本。搜狗拼音输入法也支持多行、空格及短文定义,例如自定义内容的缩写为 yx,该条短语在候选项中的位置为 1,自定义短语为 jbzhao@gdaib. edu. cn 后,输入 yx,然后按 Space 键,就输入了单位工作信箱 jbzhao@gdaib. edu. cn。

设置自己常用的自定义短语可以提高输入效率,用户可以进行添加、删除、修改自定义短语等操作。

项目4　输入数学公式

4.1　项目任务

使用 Office Word 2003 的"eq 域"输入数学公式：

$$S = \sqrt{\frac{100^2 X_a + 40^2 X_b + 20^2 X_c + 10^2 X_d + 2^2 X_e}{N}}$$

4.2　技能目标

✓ 使用 eq 域输入数学公式。

✓ 插入域定义字符。

✓ 切换域代码。

4.3　项目实践

启动 Office Word 2003，选择【文件】|【新建】命令，新建一个空白文档，先输入"$S=$"，按 Ctrl＋F9 组合键，插入域定义符，在域定义符中输入：eq\r(\f(100\s\up5(2)X\s\do2(a)＋ 40\s\up5(2)X\s\do2(b)＋ 20\s\up5(2)X\s\do2(c)＋ 10\s\up5(2)X\s\do2(d)＋ 2\s\ up5(2)X\s\do2(e),N))。在 eq 域表达式中，分别选择 X 下标的 a、b、c、d、e，设置为六号宋体，分别选择数字 100、40、20、10 和 2 的上标 2，设置为六号宋体，如图 4-1 所示。

$S=${eq \r(\f(100\s\up5(2)X\s\do2(a)＋ 40\s\up5(2)X\s\do2(b)＋ 20\s\up5(2)X\s\do2(c)＋ 10\s\up5(2)X\s\do2(d)＋ 2\s\up5(2)X\s\do2(e),N)) }

图 4-1　设置 eq 域表达式上下标字体

按 Shift＋F9 组合键隐藏域代码，便可得到数学公式。

<h1 style="text-align:center">4.4　知 识 目 标</h1>

4.4.1　eq 域详解

1. eq 概述

eq 是 equation（公式）的缩写，eq 域能够生成数学公式。域的表达式一般为：eq\开关\选择项（文字），它允许同时套用多种开关创建更复杂的公式。根据 eq 域的不同开关，分别能完成以下内容：绘制二维数组、用方括号括住单个元素、创建分数、使用一个或两个元素绘制根号、设置上下标、在元素四周绘制边框及将多个值组成一个列表等。

域的快捷键。按 Ctrl＋F9 组合键可以快速插入域定义符，域定义符中的花括号不能用键盘输入。按 Shift＋F9 组合键显示或者隐藏指定的域代码；也可以右击域实例，从弹出的菜单项中选择【切换域代码】命令，来显示或者隐藏指定的域代码。按 Alt＋F9 组合键显示或者隐藏文档中所有域代码。按 F9 键更新单个域。

2. eq 数组开关\a

按行顺序将数组元素排成多列，eq 数组开关参数及示例如表 4-1 所示。

表 4-1　eq 数组开关参数及示例

选项	功　能	eq 示　例	示 例 效 果
\al	左对齐	{eq\a\al(100,2,31)}	100 2 31
\ac	居中	{eq\a\ac(100,2,31)}	100 2 31
\ar	右对齐	{eq\a\ar(100,2,31)}	100 2 31
\con	元素排成 n 列	{eq\a\co3(10,2,31,0,1,0,14,3,55)}	10231 0 1 0 14355
\vsn	行间增加 n 磅	{eq\a\co3\vs2(10,2,31,0,1,0,14,3,55)}	10231 0 1 0 14355
\hsn	列间增加 n 磅	{eq \a\co3\vs2\hs4(10,2,31,0,1,0,14,3,55)}	10231 0 1 0 14355

3．eq 括号开关\b

括号开关的作用是用大小适当的括号括住元素。eq 括号开关参数及示例如表 4-2 所示，表中"|"后的括号可以是{、[、(或＜，Word 将使用相应的字符作为右括号。默认括号为圆括号。

表 4-2　eq 括号开关参数及示例

选项	功　能	eq　示　例	示例效果
\lc	左括号使用字符	{eq\b\lc\\|(\a(100,2,31))}	$\left.\begin{matrix}100\\2\\31\end{matrix}\right.$
\rc	右括号使用字符	{eq\b\rc\\|(\a(100,2,31))}	$\left.\begin{matrix}100\\2\\31\end{matrix}\right.$
\bc	左右括号都使用字符	{eq\b\bc\\|(\a(100,2,31))}	$\left.\begin{matrix}100\\2\\31\end{matrix}\right.$

4．eq 位移开关\d

用于控制 eq 域之后下一个字符的位置，空圆括号只跟在指令最后一个选项后面，eq 位移开关参数及示例如表 4-3 所示。

表 4-3　eq 位移开关参数及示例

选项	功　能	eq　示　例	示例效果
\fon	右边 n 磅	{eq -\d\fo5 ( ) A-}	- A-
\ban	左边 n 磅	{eq -\d\ba5(A-)}	- A-
\li	为下一个字符前的空白添加下划线	{eq 我\d\fo15\li()你}	我___你

5．eq 分数开关\f

分数开关用来创建分数，分子分母分别在分数线上下居中，eq 分数开关参数及示例如表 4-4 所示。

表 4-4　eq 分数开关参数及示例

选项	功能	eq　示　例	示例效果
无	无	{eq 18\f(5,132)}	$18\frac{5}{132}$

6．eq 积分开关\i

积分开关用符号或默认符号及三个元素创建积分。第一个元素是积分下限，第二个是积分上限，第三个是积分表达式。eq 积分开关参数及示例如表 4-5 所示。

7．eq 列表开关\i

列表开关使用任意个数的元素组成列表，以逗号或分号分隔，这样就可以将多个元素指定为一个元素。在域中输入一个类似 a、b 的元素,不加括号时域会报错,加了括号又会显示出括号,列表开关可以解决类似问题。eq 列表开关参数及示例如表 4-6 所示。

表 4-5 eq 积分开关参数及示例

选项	功 能	eq 示 例	示 例 效 果
无	无	{eq\i (a,b,(3x+1)dx)}	$\int_a^b (3x+1)dx$
\in	创建行内格式,积分限不在符号的上下,而在符号之右	{eq\i\in (a,b,(3x+1)dx)}	$\int_a^b (3x+1)dx$
\su	将符号更改为大写的 $\sum$ 并生成求和公式	{eq\i\su(i=1,n,x_i)}	$\sum_{i=1}^n x_i$
\pr	将符号更改为大写的 $\prod$ 并生成求积公式	{eq\i\pr(i=1,n,x_i)}	$\prod_{i=1}^n x_i$
\fc	将符号设置为固定高度的字符	{eq\i\fc\∮(a,b,(3x+1)dx)}	$\oint_a^b (3x+1)dx$
\vc	符号高度与第三个元素的高度一致	{eq\i\vc\∮\in (a,b,(3x+1)dx)}	$\oint_a^b (3x+1)dx$

表 4-6 eq 列表开关参数及示例

选项	功 能	eq 示 例	示 例 效 果
无	无	{eq\i\su(\l(I,j)=1,\l(n,m),x_ij)}	$\sum_{I,j=1}^{n,m} x_i j$

8. eq 重叠开关\o

重叠开关将每个后续元素置于前一个元素之上,元素数目不限,元素之间以逗号隔开。可以配合上标开关使用,eq 重叠开关参数及示例如表 4-7 所示。

表 4-7 eq 重叠开关参数及示例

选项	功 能	eq 示 例	示 例 效 果
无	无	{eq\o(A,×)}	$A\!\!\!\times$
\al	左对齐	{eq\o\al (ABC,\s\up10(⌒))}	$\overparen{ABC}$
\ac	居中	{eq\o\ac (ABC,\s\up10(⌒))}	$\overparen{ABC}$
\ar	右对齐	{eq\o\ar (ABC,\s\up10(⌒))}	$\overparen{ABC}$

9. 根号开关\r

根号开关使用一个或两个元素绘制根号,eq 根号参数及示例如表 4-8 所示。

表 4-8 eq 根号参数及示例

选项	功 能	eq 示 例	示 例 效 果
无	无	{eq\r(5,2a+b)}	$\sqrt[5]{2a+b}$

10. 上标下标开关 \s

上标下标开关将元素放置为上标或下标字符,每个 \s 代码可有一个或多个元素,以逗号隔开。如果指定多个元素,则元素将堆叠起来并且左对齐,eq 上标、下标开关参数及示例如表 4-9 所示。

表 4-9　eq 上标、下标开关参数及示例

选项	功　能	eq　示　例	示例效果
无	无	{eq C\s(3,12)}	C_{12}^3
\ai$n$	添加由 n 指定的磅数的空白	A{eq C\s\ai12(3) B}	$AC^3\ B$
\up$n$	文字上移由 n 指定的磅数(默认值为 2 磅)	{eq C\s\up6(3)\s(12)}	C_{12}^3
\di$n$	在段落一行之下添加由 n 指定的磅数的空白	{eq C\s\di8(12)}A	$C^{12}\ A$
\do$n$	将元素相对相邻文字下移由 n 指定的磅数(默认值 2 磅)	{eq C\s(3)\s\do8(12)}	C_{12}^3

11. eq 框开关 \x

框开关创建元素边框,如果不带选项,则此代码在元素四周绘一个方框,eq 框开关参数及示例如表 4-10 所示。

表 4-10　eq 框开关参数及示例

选项	功　能	eq　示　例	示 例 效 果
无	无	{eq\x (12345)}	$\boxed{12345}$
\to	上面绘制一个边框	{eq\x\to($A\cup B$)}	$\overline{A\cup B}$
\bo	下面绘制一个边框	{eq\x\bo($A\cup B$)}	$\underline{A\cup B}$
\le	左面绘制一个边框	{eq\x\le($A\cup B$)}	$|A\cup B$
\ri	右面绘制一个边框	{eq\x\ri($A\cup B$)}	$A\cup B|$
\le\ri	左右都加边框	{eq\x\le\ri($A\cup B$)}	$|A\cup B|$

4.4.2　上标/下标的输入

上标是比同一行中其他文字稍高的文字,如 x^2;下标是比同一行中其他文字稍低的文字,如 x_2。选定要设置为上标(或下标)的文字,选择【格式】|【字体】命令,弹出【字体】对话框,单击【字体】标签,激活【字体】选项卡,在【效果】选项区选择【上标】复选框(或【下标】复选框),如图 4-2 所示。

另一种方法是使用 Word 公式编辑器。选择【插入】|【对象】命令,弹出【对象】对话框,单击【新建】标签,激活【新建】选项卡,在【对象类型】选项区选择"Microsoft 公式 3.0",如图 4-3 所示。在显示的界面中选择要设置为上标或下标的字符,在【公式】工具栏中单击【上标和下标模板】按钮图标，从弹出的按钮图标项中选择【上标】按钮图标或选择【下标】按钮图标，如图 4-4 所示。

图 4-2 设置字符上标

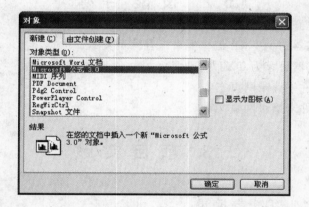

图 4-3 打开 Microsoft 公式编辑器

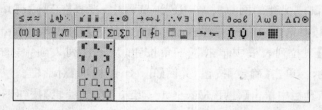

图 4-4 在公式编辑器中设置上标、下标

项目5　摘录网页文字

5.1　项　目　任　务

能根据网页文字复制控制方式选择合适的网页摘录方法。

5.2　技　能　目　标

✓ 使用 IE 浏览器的 HTML 编辑器来保存网页文本。

✓ 使用 IE 浏览器另存为 TXT 摘录网页文本。

✓ 从网页源文件中摘录网页文本。

✓ 使用识别软件来摘录网页文本。

5.3　项　目　实　践

5.3.1　使用 HTML 编辑器摘录

当遇到无法复制或保存的网页时，在 IE 浏览器中，选择【工具】|【Internet 选项】命令，弹出【Internet 选项】对话框，单击【程序】标签，激活【程序】选项卡，在【Internet 程序】选项区的【HTML 编辑器】下拉列表框中单击下三角按钮，从下拉列表项中选择 Microsoft Office Word，如图 5-1 所示。单击【确定】按钮，关闭【Internet 选项】对话框。

在 IE 浏览器工具栏中单击【使用 Microsoft Office Word 编辑】按钮图标 🔳 ·，如图 5-2 所示，Word 自动启动并将当前网页下载到 Word 窗口中，用户根据需求复制所要的内容即可。

5.3.2　使用 IE 另存为 TXT 摘录网页文本

如果只需要复制网页中的文字，选择【文件】|【另存为】命令，弹出【保存网页】对话框，在【保存类型】下拉列表项中选择"文本文件(＊.txt)"，如图 5-3 所示，设置文件名后进行保存即可。

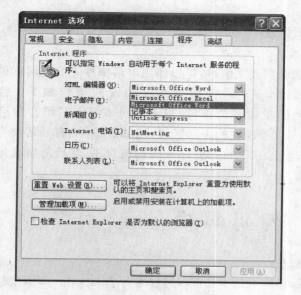

图 5-1　指定 HTML 编辑器

图 5-2　启动 HTML 编辑器

图 5-3　将网页保存为文本文件

5.3.3　从网页源文件中摘录

　　如果仅希望复制网页中的少部分文字,在 IE 浏览器中,选择【查看】|【源文件】命令,弹出【记事本】窗口,记事本中显示了网页源文件,然后在源文件中查找要摘录的网页文字。如果在记事本窗口中的网页源代码较长,选择【编辑】|【查找】命令或按 Ctrl+F 组合键,弹出【查找】对话框,在【查找内容】文本框中输入要摘录的网页文字,找到后复制到剪贴板中即可使用。

5.3.4　使用识别软件摘录网页文本

当网页制作者编写代码限制用户摘录网页文字时,可以使用屏幕摘抄工具或网页识别工具来摘录想要的文字。使用 HyperSnap 6 进行网页文字摘录的操作如下:启动 HyperSnap 6 并最小化显示,切换到要摘录的网页窗口,按 Shift＋Ctrl＋T 组合键启动 HyperSnap 6 的文本捕捉命令,选择摘录文字所在的矩形区域,HyperSnap 6 自动切换为当前激活窗口,并将摘录结果以文本方式显示在 HyperSnap 6 编辑窗口中,然后复制或保存摘录识别结果即可。

5.4　知　识　目　标

下面对网页无法保存的原因进行分析。

正常网页是可以正常选择、复制的,但网页制作者可以通过编写 JavaScript 脚本来禁止文本的选择、复制功能,此类网页中一般会有一个或多个 JavaScript 脚本。网页常见的为 JavaScript 限制代码有:禁止粘贴为 onpaste＝"return false",禁止复制为 oncopy＝"return false",禁止剪切为 oncut＝"return false",禁止选择为 onselectstart ＝ "return false"。

项目6　摘录PDF文档文字

6.1　项目任务

能根据不同的 PDF 文档选择相应的文本摘录方法。

6.2　技能目标

✓ 使用 CAJViewer 7 直接摘录 PDF 文字。
✓ 使用超星浏览器摘录 PDF 文字。
✓ 使用 pdfFactory Pro 解除 PDF 复制限制。

6.3　项目实践

6.3.1　使用 CAJViewer 7 摘录 PDF 文字

安装 CAJViewer 7(下载网址 http://www.cnki.net/),打开待摘录的 PDF 文档,选择【工具】|【文字识别】命令或单击【文字识别】按钮图标 ,进入文字识别状态,光标变成文字识别的形状,拖动鼠标绘制一个包含要摘录文本的矩形区域,识别结果将在【文字识别结果】对话框中显示并且允许修改,单击【复制到剪贴板】按钮或者单击【发送到 Word】按钮,输出识别结果,如图 6-1 所示。

【复制到剪贴板】按钮用于将编辑后的文本复制到 Windows 剪贴板,【发送到 Word】按钮用于将编辑后的所有文本发送到 Word 文档中,如果 Word 没有运行,将自动启动。

6.3.2　使用超星浏览器摘录 PDF 文字

安装超星浏览器(下载网址 http://www.ssreader.com/),在超星浏览器中打开待摘录的 PDF 文档。超星浏览器图标工具栏如图 6-2 所示。

单击【按行方式选择文本】按钮 T 或单击【按区域方式选择文本】按钮 T,拖动鼠标选

（一）能力型课程学习评……

现有能力型课程学习评价存在……于从施教者和课程标准的角度去设计，……质：重能力评价轻素质评价，评价的内……的评价明显缺失：重项目成果评价轻项……拔功能，而基于项目过程评价是形成性……视；评价框架不清晰，执行学习评价时……价中的唯一地位，评价缺少学生的参与……

（二）能力型课程学习评……

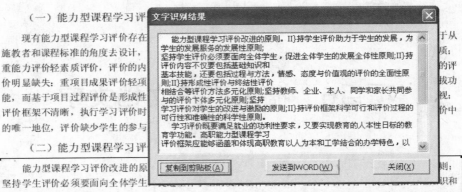

能力型课程学习评价改进的原则。坚持学生……则；坚持学生评价必须要面向全体学生，……识和基本技能，还要包括过程与方法，情感、态度与价值观的评价的全面性原则；坚持形成性评价与终结性评价相结合等评价方法多元化原则；坚持教师、企业、本人、同学和家长共同参与的评价主体多元化原则；坚持学习评价对学生的改进与激励的原则；坚持评价框架科学可行和评价过程的可行性和准确性的科学性原则。

学习评价既要满足就业的功利性要求，又要实现教育的人本性目标的教育学功能。高职能力型课程学习评价框架应能够涵盖和体现高职教育以人为本和工学结合的办学特色，以企业人才评价需求为基础构建评价效度，建立科学可行的课程学习评价框和指标体系，以工作任务、工作过程和工作情境相同或相近的项目为载体，以专业能力、方法能力和社会能力为评价指标，以评价当事人互动为前提，形成时间节点相关的总结性评价和时间延续相关的过程性评价相结合的高职能力型课程学习评价体系[3]。

图 6-1　CAJViewer 7 的文字识别操作

图 6-2　超星浏览器图标工具栏

择要摘录文本所在行或矩形区域，在所选文本行或文本区域右击，从弹出的菜单项中选择【复制】命令，可将内容直接复制到剪贴板使用，如图 6-3 所示。

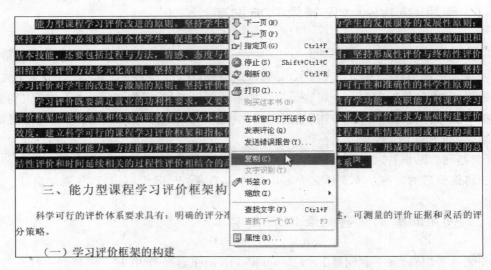

图 6-3　使用超星浏览器摘录 PDF 文字

6.3.3　使用 pdfFactory Pro 解除摘录控制

安装 pdfFactory Pro，安装程序会在【控制面板】的【打印机和传真】中添加 pdfFactory Pro 虚拟打印机图标，如图 6-4 所示。

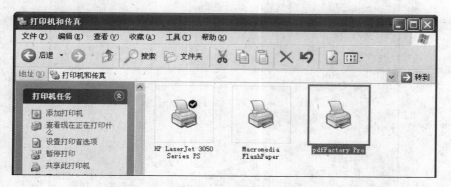

图 6-4　pdfFactory Pro 虚拟打印机

在 Adobe Reader 中打开禁止复制的文档，选择【文件】|【打印】命令，弹出【打印】对话框，在【打印机】选项区，单击【名称】下拉列表框，从弹出的列表项中选择 pdfFactory Pro，如图 6-5 所示。

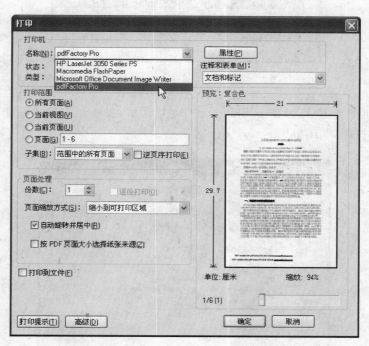

图 6-5　使用 pdfFactory Pro 重新打印生成新 PDF 文档

在【打印机】选项区，单击【属性】按钮，弹出【pdfFactory Pro 属性】对话框，单击 Security 标签，激活 Security 选项卡，取消选择 copy text and graphics from document 复选框，如

图 6-6 所示。单击【确定】按钮，关闭【pdfFactory Pro 属性】对话框。

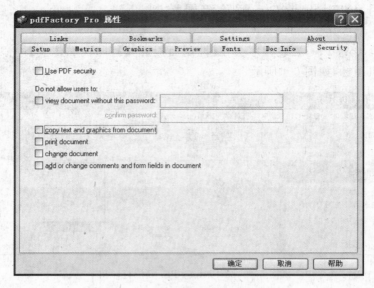

图 6-6 取消 PDF 文档的复制限制

在【打印】对话框中单击【确定】按钮，弹出【进度】提示框，如图 6-7 所示。

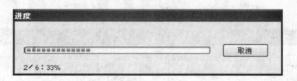

图 6-7 【进度】提示框

【进度】提示框关闭后，弹出 pdfFactory Pro 对话框，提示用户输入注册信息，如图 6-8 所示，单击 OK 按钮，关闭 pdfFactory Pro 对话框。

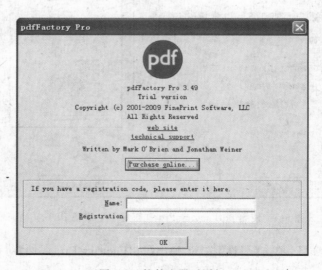

图 6-8 软件注册对话框

关闭 pdfFactory Pro 对话框后,【Printed with pdfFactory Pro-purchase at www.pdffactory.com】窗口自动激活,如图 6-9 所示,单击 Save 按钮,弹出 pdfFactory Pro 对话框,在 pdfFactory Pro 对话框中选择打印生成的 PDF 文档中要保存的目录和文件名,单击【保存】按钮,关闭 pdfFactory Pro 对话框,完成取消复制限制的 PDF 文档的打印。

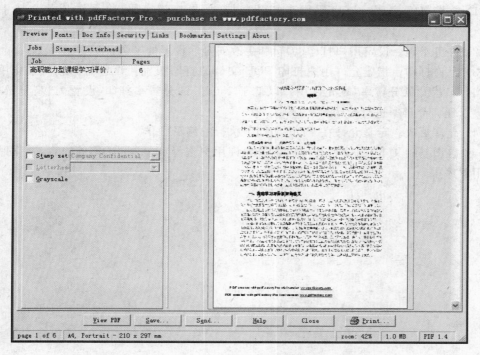

图 6-9 保存打印文档

现在在阅读器中打开新打印的 PDF 文档,就可以正常复制、粘贴文本了。

6.4 知 识 目 标

6.4.1 PDF 文档

PDF(Portable Document Format,便携式文档格式)是 Adobe 公司开发的电子文件格式,与操作系统平台无关,支持 Windows、UNIX、Mac OS 等操作系统。PDF 具有设备无关、字体嵌入、可选的数据压缩、页面独立、高集成度和高可靠性等特性。PDF 可以封装字符、字体、格式、版式、色彩及独立于设备和分辨率的图形图像,支持超文本链接、表单、注释等交互功能。PDF 文档广泛用于印刷出版、电子图书、产品说明、公司文告、网络资料、文档资料等,是全世界电子版文档分发的开放式标准。

PDF 文件的官方编辑制作软件是 Adobe Acrobat,其他 PDF 制作软件有 Adobe InDesign、pdfFactory Pro、FlashPaper、CorelDRAW、金山 WPS、Foxit PDF Editor 等。PDF 官方阅读器是 Adobe Acrobat Reader,第三方 PDF 阅读器有 Foxit Reader(福昕)、

CAJView、超星浏览器等。

6.4.2 PDF 安全控制

（1）文档打开密码。该密码用来打开文档，如果忘记密码，将无法从此文档中恢复密码。

（2）许可密码。设定用户打印、编辑和更改安全性设置的密码。

（3）允许打印。指定允许用户打印 PDF 文档的打印级别。设置为"无"时禁止用户打印文档，设置为"低分辨率"时允许用户以低于 150dpi 的分辨率打印，设置为"高分辨率"允许用户以任何分辨率进行打印。

（4）允许更改。定义允许在 PDF 文档中执行的编辑操作。

（5）启用复制文本、图像和其他内容。允许用户选择和复制 PDF 的内容，并粘贴到其他应用程序中。

项目7 拍照识别长文稿

7.1 项 目 任 务

使用数码照相机或照相手机拍摄长文稿,使用尚书七号 OCR 进行文字识别,将识别结果保存为"论文.txt"文件。

7.2 技 能 目 标

- ✓ 分析纸质文稿识别的可行性。
- ✓ 文稿拍摄光线和构图控制。
- ✓ 图片导出与预处理。
- ✓ 使用文字识别软件识别文字。
- ✓ 校对识别结果。
- ✓ 保存识别结果。

7.3 项 目 实 践

7.3.1 拍摄识别稿

纸质文档拍摄质量是影响识别率最关键因素,拍摄时构图和布光又是影响拍摄质量的关键因素。构图不当会出现字迹变形失真,降低识别率。拍照识别稿时要控制好镜头与纸面的距离和角度,有时往往要反复拍摄试验才能获得较满意的识别稿。布光不当会出现文字与纸质反差变小、光线不均匀等情况,导致识别软件难以提取字形信息,无法进行正常识别。

用于拍照识别的纸质文稿要干净、平整,如果是书本或杂志,则在翻到相应页面后要摆放平整,不要出现明显的高低边。对于无法压平的图书,如果可能,可将其拆页后再拍摄。如果纸上有污渍,尽量在拍摄前设法擦除。

控制好拍照距离。将纸张或书本放在光线充足且均匀的桌面上(最好在白天),打开照相机或手机的拍照功能，若光线充足则建议关闭相机或手机的闪光灯。将相机或手机的镜头垂直置于纸张正上方，镜头与纸张的距离视拍摄幅面相应调整，拍摄幅面越大，距离越远；拍摄幅面越小，距离越近。尽量采用短焦距、近距离拍摄，确保文稿识别区域足够大。距离不宜超过 30 厘米，最好在 10 厘米左右。当构图和光线都调节好后，握稳相机并按下快门，完成拍摄。本项目以《广东农工商职业技术学院学报》第 21 卷第 2 期的一篇论文为例讲解拍照及识别的操作方法，文稿使用 HTC HD2 手机拍摄。

7.3.2　导入图片

通过 USB 数据线将拍摄的照片输入计算机，具体操作方法见数码照相机或照相手机说明书。

7.3.3　识别图片文字

目前可用于图文识别的软件有汉王、清华紫光、尚书等，本项目用尚书七号 OCR 进行文稿识别。

1. 打开待识别图像

安装并启动尚书七号 OCR 识别软件，选择【文件】|【打开图像】命令，弹出【打开图像文件】对话框，在【打开图像文件】对话框中选择要识别的照片，单击【打开】按钮打开文件，识别文稿打开后如图 7-1 所示。

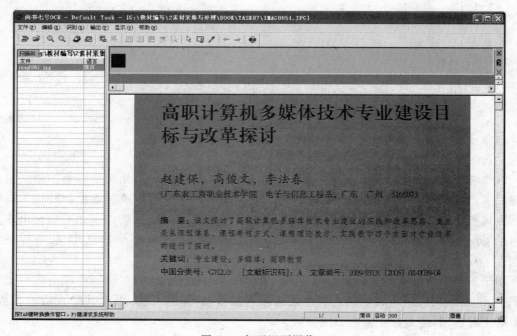

图 7-1　打开识别图像

2．设定识别区域

从正文的左上角开始拖动鼠标到正文的右下角来选择文字识别区域,尽可能使识别区域紧紧包围待识别的文字,此时在识别区域的左上角出现识别区域编号1,表明该区域是第一个识别块,如图7-2所示。

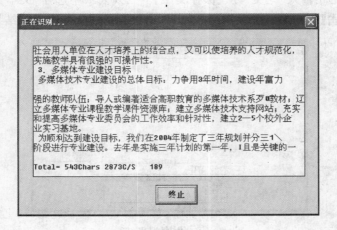

图7-2　选择识别区域

3．文字识别

完成识别区域设定后,在工具栏中单击【开始识别】按钮图标,弹出【正在识别...】对话框,进行文字的识别,如图7-3所示。

图7-3　文字识别过程

7.3.4 校对识别结果

当识别结束后,【正在识别…】对话框会自动关闭。现在开始字符校对,对照随行显示的当前字符的原始图像来校正识别结果,校对窗口的顶部是当然识别结果的候选字区,光标所在文字的上一行是校对对照区。识别结果中黑色显示的字符一般都是正确的,红色文字是识别出错率较高的字符,是字符校对的重点,如图7-4所示。当发现识别有错误时,选择当前字的候选字替换该字,也可以使用输入法输入正确的字符。

图 7-4 校对识别结果

在文本编辑区内可以进行退格、删除、撤销等操作,在状态栏中的【覆盖】按钮用于在覆盖和插入字符之间切换。选择【编辑】菜单中的【剪切】命令、【复制】命令和【粘贴】命令可对选定的文字进行编辑。

7.3.5 保存识别结果

当校对和编辑完成后,选择【输出】|【到指定格式文件】命令,弹出【保存识别结果】对话框,【文件名】文本框中输入"论文",从【保存类型】下拉列表项中选择"文本文件[∗.TXT]",如图7-5所示,单击【保存】按钮,关闭【保存识别结果】对话框,保存识别结果。

图 7-5 保存识别结果

7.4 知 识 目 标

7.4.1 文字识别技术

文字识别技术(Optical Character Recognition, OCR)广泛应用于个人、小型图书馆、小型档案馆、小型企业进行大规模文档输入、图书翻印、大量资料的电子化处理。一般文字识别系统可以识别简体、繁体、英文和表格,可识别字体有宋体、仿宋体、楷体、黑体、魏碑、隶书、圆体、行楷等,字体大小可从初号到小六号。

7.4.2 手机拍照技巧

若没有数码照相机而使用手机拍摄时,提高手机相片文字识别率的关键是确保识别稿无变形且纸张光线明暗均匀。为确保拍照不变形,拍照时将手机镜头置于拍摄区域正上方位置。为确保画面光线均匀,避免在阳光直射、强光直射和昏暗的室内拍照,避免在照片中留有阴影。

7.4.3 识别图像预处理

若发现当前待识别图像的文字行有倾斜时,需要将其旋转到水平位置。通过手动绘制识别区域框来设定文字识别范围,将不需要识别的区域和版面污点排除在外,以提高识别准确率。对于识别区域内的杂点要擦除干净。

7.4.4 识别结果的保存

可以将识别结果保存为 TXT、RTF、HTM 和 XLS 格式文件。当识别结果为纯文字时保存为 TXT 文档,当识别结果中包含表格时保存为 RTF 文档,要将识别结果保存为网页时选择 HTM 文档,要将识别结果保存为 Excel 电子表格时选择 XLS 文档。

项目8 设计签名

8.1 项目任务

以"赵乐天"为客户对象，设计草书风格的签名，并能在 Office Word 和 Office PowerPoint 中保持签名字形不变，支持修改大小、颜色等编辑操作。

8.2 技能目标

✓ 根据签名设计的要求获取签名字体。
✓ 安装签名字体。
✓ 能够根据客户需求选用字体。
✓ 能够保持签名字形不变。

8.3 项目实践

8.3.1 下载签名字体

打开百度 http://www.baidu.com 搜索引擎，以"叶根友"为关键词搜索字体信息和下载网站，可搜索到叶根友简体字体有叶根友签名体、叶根友钢笔行书简体、叶根友刀锋黑草、叶根友疾风草书、叶根友非主流手写，从搜索结果列表中获取下载该字体的网址，根据网站提示下载叶根友字体文件，如果下载的是 RAR 或者 ZIP 压缩包，将压缩包解压到字体文件夹 D:\font 中，保持字体文件名和扩展名不变。

8.3.2 安装签名字体

复制 D:\font 文件夹中扩展名为 fon 或 ttf 的字体文件，粘贴到系统字体目录 C:\Windows\Fonts 文件夹中，字体安装完毕。

8.3.3 使用签名字体

启动 Office Word 2003，输入"赵乐天"，从字体列表中选择可能符合客户需求的签名字体，制作签名设计样稿如表 8-1 所示。

表 8-1 签名设计样稿

签 名 字 体	效　果	签 名 字 体	效　果
叶根友签名体		叶根友钢笔行书简体	
叶根友疾风草书		叶根友非主流手写	
叶根友钢笔行书升级版		叶根友刀锋黑草	

8.3.4 在 Word 中保持签名字形

启动 Office Word 2003，选择【文件】|【另存为】命令，打开【另存为】对话框，单击【工具】按钮，在弹出的菜单项中选择【保存选项】命令，如图 8-1 所示，弹出【保存】对话框，在【保存选项】选项区中选择【嵌入 TrueType 字体】复选框，选择【只嵌入所用字符】复选框，选择【不嵌入常用系统字体】复选框，如图 8-2 所示。Word 将签名字体嵌入到文档中。

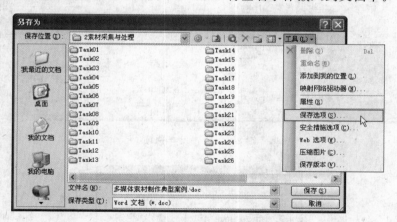

图 8-1 选择【保存选项】命令

8.3.5 在 PowerPoint 中保持签名字形

启动 PowerPoint 2003，选择【文件】|【另存为】命令，打开【另存为】对话框，单击【工具】按钮，在弹出的菜单项中选择【保存选项】命令，如图 8-3 所示，弹出【保存选项】对话框，在【只用于当前文档的字体选项】选项区中选择【嵌入 TrueType 字体】复选框，选择【只嵌入所用字符（适于减少文件大小）】复选框，如图 8-4 所示，单击【确定】按钮关闭对话框后，PowerPoint 就将签名字体嵌入到演示文稿中。

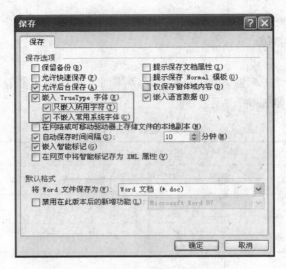

图 8-2 【保存】对话框

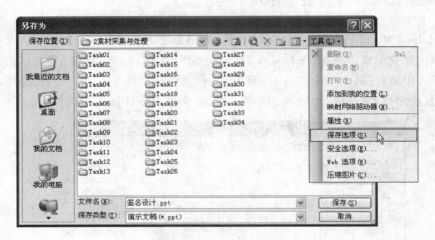

图 8-3 设置保存选项

图 8-4 【保存选项】对话框

8.4　知 识 目 标

8.4.1　签名概述

个性签名是个人资信及个人审美情趣的视觉标志。签名是一个人对一件事的肯定和认可，也是人们参与社会生活的责任和承诺。个人参与社会活动如工作、学习、经商、经营买卖、求租求购、签订合同、批阅文件等都离不开签名。好的签名兼备实用性、艺术性和个性化特点。公众化签名设计要做到书写快捷、潇洒好看和工整易识别，签名字体在书体风格上较多使用草书体和行书体。

8.4.2　字体相关术语

1. 字体

汉字字体基本上是由宋体、仿宋体、楷体、黑体四种字体派生而来，如大黑体、宋黑体都是由黑体派生的。掌握字体的特征对识别字体大有好处。一般来说，书版版心字常用五号书宋体，报版版心常用小五号报宋体，办公文件版心常用四号仿宋体，黑体、小标宋体和楷体常用作标题字。不同的字体可区分版面中的标题字与正文字、主要内容与次要内容等。

2. 字库

字库是指各种字符和字形的集合。字库一般由专业的公司设计制作。常用字库有文鼎字库、汉仪字库、方正字库等。

3. 字系与字族

字系（Font Series）是指字体所属的标准系列。英文字体基本字系有正体、粗体、斜体及粗斜体四种。字族（Font Family）指字体所属的类别，通常分为衬线字体、无衬线字体、等宽字体、书写体和装饰体五类。

4. 字形

字形是指同一个字符的不同形式，如汉字有黑体、楷体、宋体、隶书等各种形式。

5. 字号

字号是指字体的大小。表达字号大小的计量单位有号制和点制（英国、美国用点制）两种。号制一般用于汉字的字体的大小表示，从初号到八号分 8 级，初号字体最大，八号字体最小，从初号到八号字体大小依次递减，如表 8-2 所示。磅是国际通用字体单位，一般预设的字体大小最小 6 磅，最大 72 磅，磅值越大，字体越大。计算机应用软件所定义的字号大小转换关系是：1 磅（point）＝1/72 英寸（inch）＝0.35 毫米（mm）。

表 8-2　字体大小对照表

字　号	磅数	字高/mm	字　号	磅数	字高/mm
初号	42	14.817	四号	14	4.939
小初号	36	12.7	小四号	12	4.233
一号	26	9.172	五号	10.5	3.704
小一号	24	8.467	小五号	9	3.175
二号	22	7.761	六号	7.5	2.646
小二号	18	6.35	小六号	6.5	2.293
三号	16	5.644	七号	5.5	1.94
小三号	15	5.292	八号	5	1.764

6. 文字基线

文字基线是指小写字母 x 的下沿的基准线,文字基线位置如图 8-5 所示。

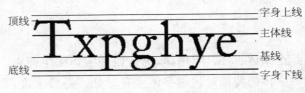

图 8-5　文字基线

7. 行距

行距是指上下两行基线之间的距离,如图 8-5 所示。

8. 点阵字体与轮廓字体

点阵字体是指以像素点阵列来表示文字,字体放大后会出现锯齿边缘,多用于屏幕显示,不用于打印输出。轮廓字体通过几何曲线来描述文字的轮廓,可分为 Postscript 字体和 TrueType 字体。轮廓字体可以任意放大、旋转、扭曲而保持字体光滑,不会出现锯齿边缘,可用于屏幕显示、打印输出等,是桌面出版最理想的字体。

8.4.3　常用字体与识别要点

汉仪字体有汉仪超粗宋简、汉仪粗宋简、汉仪综艺体简、汉仪海韵体简、汉仪漫步体简、汉仪瘦金书简等,汉仪字库官方网址 http://www.hanyi.com.cn/。

方正字体有方正大标宋简、方正黑体简、方正黄草简、方正少儿简、方正报宋简、方正超粗黑简、方正粗倩简、方正书宋简等,方正字库官方网址 http://www.foundertype.com/。

文鼎字体有文鼎 CS 大黑简、文鼎 CS 中黑简、文鼎 CS 中宋简、文鼎特粗宋简、文鼎书宋简、文鼎中行书简等,文鼎字库官方网址 http://www.arphic.com/。

常用外文字体有 Arial、Calibri、Century Old Style STD、Georgia、Helvetica、Impact、Lucida Sans Unicode、Times New Roman、Tahoma、Verdana。

字体字库识别。英文字体可以登录 http://new.myfonts.com/WhatTheFont/ 网站进行辅助识别,中文字体一般确定类型后采用比对法确定字体类型。

字体大小识别。可以使用测字表、字体大小参考表和直接测量法获得字体大小。

8.4.4　字体管理

1.获取字体

设计字体方式有:购买字库光盘、安装设计排版类软件、网络下载3种方式。

2.安装字体

安装字体的实质就是将字体文件复制到系统字体目录 C:\Windows\Fonts 中。字体安装有4种方法。

(1)直接添加法。直接复制扩展名为 TTF 和 FON 的字体文件到剪贴板,再粘贴到 C:\Windows\Fonts 文件夹。

(2)软件安装法。在安装 Photoshop、CorelDRAW、Premiere 等软件时,软件会附带安装多种字体到 Windows 的字体文件夹中。

(3)使用控制面板。打开【控制面板】,双击【字体】按钮图标,打开【字体】窗口,选择【文件】|【安装新字体】命令,弹出【添加字体】对话框,如图 8-6 所示。单击【驱动器】下拉列表框的下三角按钮,从弹出的下拉列表项中选择存放字体文件的驱动器;在【文件夹】列表框中选择存放字体的文件夹;在【字体列表】列表框中选择要安装的字体,按住 Ctrl 键用于选择多个字体,按住 Shift 键用于选择连续字体;选择【将字体复制到 Fonts 文件夹】复选框。单击【确定】按钮,复制选择的字体到 C:\Windows\Fonts 文件夹。

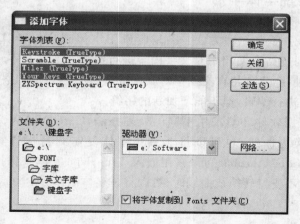

图 8-6　使用控制面板安装字体

(4)简便安装法。字体文件很大,安装过多的字体会影响程序运行速度和占用系统盘太多空间。对于计算机配置较低的用户,建议选择简便安装。可以在 C:\Windows\Fonts 文件夹中建立到字体的快捷方式,不需要将字体文件复制到该文件夹。注意,在使用时不能删除快捷方式指向的字体文件。

3．删除字体

某一个时期不再使用的字体，直接将该字体文件从 C：\Windows\Fonts 文件夹中删除，以节省磁盘空间、加快软件启动速度和提高选择字体的速度。

8.4.5 常用字体的字符量

常用系统字体字符量统计如表 8-3 所示，统计工具为 BabelPad。

表 8-3 系统字体字符量统计表

字 体 名 称	字符数	字 体 名 称	字符数
宋体	22058	华文彩云	7819
黑体	22060	华文仿宋	24367
幼圆	21982	华文中宋	24367
微软雅黑	29075	华文新魏	7819
仿宋	7541	华文楷体	24367
楷体	7541	华文隶书	7819
隶书	21983	宋体-方正超大字符集	65530
Arial	2814	Calibri	2157
Georgia	594	Comic Sans MS	582
Impact	657	Lucida Sans Unicode	1753
Times New Roman	2811	Tahoma	2887
Verdana	773	MingLiu	22185

8.4.6 保持非系统字体字形

保持非系统字体字形有 3 种方法：①复制所用字体到目标计算机字体文件夹 C：\Windows\Fonts，此时支持在文档中对文字内容进行编辑。②将文字转换为矢量图形或像素，以图形图像方式使用，不支持在文档中对文字内容进行编辑。③嵌入字体到文件，支持在文档中对文字内容进行编辑，但不能增加新的字符。

具体操作时要根据软件环境采用不同的处理办法，CorelDRAW、Illustrator 等软件可以将非系统字体转换为曲线，也可以将非系统字体复制到目标计算机字体文件夹中。Office 办公软件和 Adobe Acrobat 可以采用嵌入 TrueType 字体来保持字形。当应用软件既不支持嵌入字体又不支持转换成曲线时，可以将该字体制作成 PNG 格式的图片使用。

项目9 制作应届生求职简历

9.1 项 目 任 务

按照简历内容要求撰写简历内容，使用 Office Word 2003 制作 A4 大小单页的应届生求职简历。

9.2 技 能 目 标

✓ 撰写求职简历内容。
✓ 按照简历版式要求设置页面和页边距。
✓ 定义字体属性、段落属性和边框属性。
✓ 应用样式。

9.3 项 目 实 践

9.3.1 撰写简历文稿

应届生求职简历一般由个人信息、求职意向、教育背景、工作或实习经历、项目经历、社会实践、奖励情况和其他个人信息等内容构成，建议按照以上内容及顺序来撰写简历。撰写简历时最好能结合自己的求职条件和用人单位职位要求，对简历内容的顺序和详略作适应性调整，重要的、能突出自己优势和职位要求的内容往前排，不重要的内容往后排，甚至从简历中删除，不必所有项都齐备。

9.3.2 设置简历页面

启动 Office Word 2003，新建空白文档，选择【文件】|【页面设置】命令，弹出【页面设置】对话框，在【纸张大小】选项区中，在【宽度】文本框中输入 21 厘米，【高度】为 29.7 厘米，如图 9-1 所示，不要关闭【页面设置】对话框。

单击【页边距】标签，切换到【页边距】选项卡，在【页边距】选项区中，在【上】、【下】文本框中输入1.5厘米，在【左】、【右】文本框中输入2厘米；在【方向】选项区，选择【纵向】按钮图标，如图9-2所示。单击【确定】按钮，关闭【页面设置】对话框。

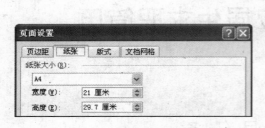

图9-1　页面大小设置

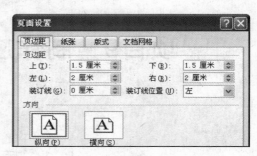

图9-2　页边距设置

9.3.3　定义样式

选择【格式】|【样式和格式】命令，打开【样式和格式】任务窗格，如图9-3所示。

单击【新样式】按钮 新样式... ，弹出【新建样式】对话框，在【属性】选项区中，在【名称】文本框输入"简历标题"，在【样式基于】和【后续段落样式】下拉列表框中均选择"正文"，如图9-4所示。不要关闭【新建样式】对话框。

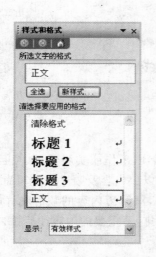

图9-3　【样式和格式】任务窗格

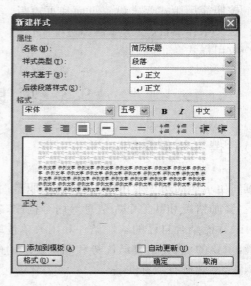

图9-4　【新建样式】对话框

单击【格式】按钮，从弹出的菜单项中选择【字体】命令，弹出【字体】对话框。在【中文字体】下拉列表框中选择"黑体"，在【字形】列表框的列表项中选择"加粗"，在【字号】列表框的列表项中选择"五号"，如图9-5所示。单击【确定】按钮，返回到【新建样式】对话框。

单击【格式】按钮，从弹出的菜单项中选择【段落】命令，弹出【段落】对话框。在【常规】选项区中，在【对齐方式】下拉列表框的列表项中选择"左对齐"；在【间距】选项区中，在【段前】

和【段后】文本框输入"0.25 行"，在【行距】下拉列表框的列表项中选择"单倍行距"，如图 9-6 所示。单击【确定】按钮，返回到【新建样式】对话框。

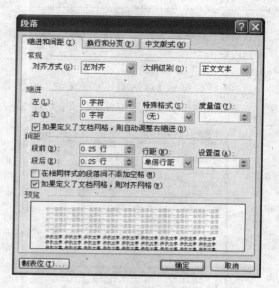

图 9-5　"简历标题"样式的字体设置　　　　图 9-6　"简历标题"样式的段落设置

　　单击【格式】按钮，从弹出的菜单项中选择【边框】命令，在【预览】选项区中，单击按钮图标[图]，如图 9-7 所示。单击【确定】按钮，返回到【新建样式】对话框。

　　单击【格式】按钮，从弹出的菜单项中选择【快捷键】命令，在【指定键盘顺序】选项区，单击【请按新快捷键】文本框，按 Alt＋1 组合键，单击【指定】按钮，将 Alt＋1 指定为"简历标题"样式的套用快捷键，如图 9-8 所示。单击【关闭】按钮，返回到【新建样式】对话框。

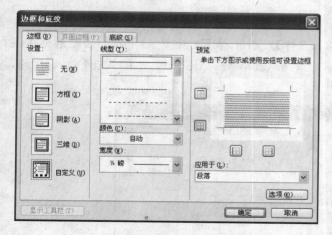

图 9-7　"简历标题"样式的边框和底纹设置　　　　图 9-8　"简历标题"样式的快捷键设置

　　在【新建样式】对话框中单击【确定】按钮，关闭该对话框，则"简历标题"样式定义完毕。

　　参照"简历标题"样式的定义方法，依照表 9-1 详细属性，建立"重点信息"和"详细内容"样式。

表 9-1　简历中样式的详细属性

样式名	中文字体	字形	字号	段　前	段　后	行距	对齐	缩进	快捷键
简历标题	黑体	加粗	五号	0.25 行	0.25 行	单倍	左	0	Alt＋1
重点信息	黑体	常规	五号	0.25 行	0.25 行	单倍	左	0	Alt＋2
详细内容	宋体	常规	五号	0.25 行	0.25 行	单倍	左	10	Alt＋3

在【新建样式】对话框中,定义的"重点信息"样式如图 9-9 所示。

在【新建样式】对话框中,定义的"详细内容"样式如图 9-10 所示。

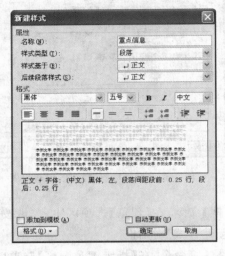
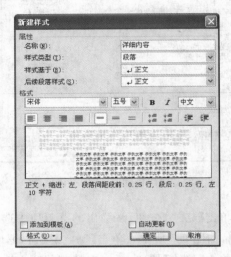

图 9-9　定义"重点信息"样式　　　　　图 9-10　定义"详细内容"样式

9.3.4　导入简历内容

选择【插入】|【文件】命令,弹出【插入文件】对话框,在【文件类型】下拉列表框的列表项中选择"文本文件(＊.txt)",再选择"求职简历.txt"文件,如图 9-11 所示,单击【插入】按钮,插入"求职简历.txt"文档到当前 Word 文档中。

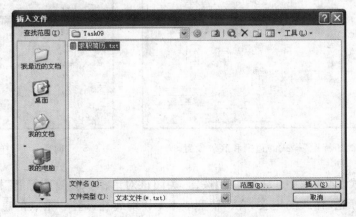

图 9-11　插入非排版的简历文档

将"求职简历.txt"简历文本插入 Word 文档后,未排版效果如图 9-12 所示。

赵乐天

（86）135 3876 ****　　ltzhao@163.com

广州市天河区**路***号***室（邮编：510507）

求职意向　　　东南融通网页设计师

教育背景

2005.09—2008.03 广东农工商职业技术学院　　多媒体设计与制作　　大专　　班级排名：2/40

实习经历

2009.08—2009.09　广州菲奈特软件有限公司　　网页制作员

　　负责公司网站资料录入、处理与更新；

　　参与公司网站改版方案设计

2008.08—2008.09 广州市太阳村文化传播广告有限公司　　设计助理

　　负责公司网站资料录入、处理与更新；

　　负责公司网站新栏目的结构规划与界面设计

项目经历

2008.09—2008.10 广东农工商职业技术学院　　　　省级示范性建设专业申报网站制作

　　负责收集网站素材、网页图像处理和动画制作；

　　负责 Word 文档到 HTML 文档的转换及优化

2008.09—2008.10 广州市沙河兆联经济发展有限公司　　触摸屏查询系统

　　负责根据客户需求，设计查询系统的结构；

　　负责查询系统资料的整理和网页制作

社会实践

2007.09—2009.06　　多媒体设计与制作班　　　　班长

　　负责班级的日常事务管理、策划组织班级活动、辅助各课程任课教师教学管理、获 2007—2008 年度

"文明班集体"称号

2006.09—2009.06　　电子与信息工程系　　　　学习科技部副部长

　　筹备第二届多媒体设计制作大赛、筹备 "高职艺术设计能力培养" 和 "高职就业核心竞争力培养"

2 次专业专题讲座

获奖情况

　　学院网页制作大赛一等奖和最佳创意奖；

　　学院第二届 "多媒体设计大赛" 一等奖；

　　2008—2009 年度三好学生标兵

语言及技能

　　专业技能：能熟练操作 Photoshop、Flash、Dreamweaver 等软件；

　　专业证书：高级图像制作员（Photoshop）、CorelDRAW 制作员；

　　英语：省高校英语应用能力考试 A 级．CET-4 418 分；

　　计算机：能熟练操作 Windows 、Office

图 9-12　未排版的简历文档

9.3.5　套用已定义样式

根据内容所属层次,对求职意向、教育背景、实习经历、项目经历、社会实践、获奖情况和语言及技能套用"简历标题"样式,操作方法是将光标定位到简历标题所在行,按 Alt＋1 组合键套用定义好的"简历标题"样式。用同样的方法,在重要信息所在行按 Alt＋2 组合键套用"重点信息"样式,在简历正文所在行按 Alt＋3 组合键套用"详细内容"样式,如图 9-13 所示。

赵乐天

(86)1353876 ****　　ltzhao@163.com

广州市天河区 ** 路 *** 号 **** 室(邮编：510507)

求职意向	东南融通网页设计师

教育背景	
2005.09—2008.03	广东农工商职业技术学院　多媒体设计与制作　大专　班级排名：2/40

实习经历	
2009.08—2009.09	广州菲奈特软件有限公司　网页制作员 负责公司网站资料录入、处理与更新； 参与公司网站改版方案设计
2008.08—2008.09	广州市太阳村文化传播广告有限公司　设计助理 负责公司网站资料录入、处理与更新； 负责公司网站新栏目的结构规划与界面设计

项目经历	
2008.09—2008.10	广东农工商职业技术学院　省级示范性建设专业申报网站制作 负责收集网站素材，网页图像处理和动画制作； 负责 Word 文档到 HTML 文档的转换及优化
2008.09—2008.10	广州市沙河兆联经济发展有限公司　触摸屏查询系统 负责根据客户需求，设计查询系统的结构； 负责查询系统资料的整理和网页制作

社会实践	
2007.09—2009.06	多媒体设计与制作班　班长 负责班级的日常事务管理，策划组织班级活动，辅助各课程任课教师教学管理， 获 2007—2008 年度"文明班集体"称号
2006.09—2009.06	电子与信息工程系　学习科技部副部长 筹备第二届多媒体设计制作大赛、筹备"高职艺术设计能力培养"和"高职就业 核心竞争力培养"2 次专业专题讲座

获奖情况	
	学院网页制作大赛一等奖和最佳创意奖； 学院第二届"多媒体设计大赛"一等奖； 2008—2009 年度三好学生标兵

语言及技能	
	专业技能：能熟练操作 Photoshop、Flash、Dreamweaver 等软件； 专业证书：高级图像制作员(Photoshop)、CorelDRAW 制作员； 英语：省高校英语应用能力考试 A 级，SET-418 分； 计算机：能熟练操作 Windows、Office

图 9-13　简历套用样式后的效果

9.3.6　设置姓名和联系方式格式

选择"赵乐天"3 个字，在【格式】工具栏中，从【字体】下拉列表框的列表项中选择"黑体"，从【字号】下拉列表框的列表项中选择"三号"，单击【加粗】按钮图标 **B**，单击【居中对齐】按钮图标 ≡。选择联系方式的 2 行文字，单击【居中对齐】按钮图标 ≡，设置文字居中对齐，如图 9-14 所示。

赵乐天

（86）135 3876 ****　　　ltzhao@163.com
广州市天河区**路***号***室（邮编：510507）

求职意向	东南融通网页设计师

教育背景

2005.09—2008.03	广东农工商职业技术学院　　多媒体设计与制作　　大专　　班级排名：2/40

实习经历

2009.08—2009.09　　广州菲奈特软件有限公司　　网页制作员
　　　　　　　　　　负责公司网站资料录入、处理与更新；
　　　　　　　　　　参与公司网站改版方案设计

2008.08—2008.09　　广州市太阳村文化传播广告有限公司　　设计助理
　　　　　　　　　　负责公司网站资料录入、处理与更新；
　　　　　　　　　　负责公司网站新栏目的结构规划与界面设计

项目经历

2008.09—2008.10　　广东农工商职业技术学院　　省级示范性建设专业申报网站制作
　　　　　　　　　　负责收集网站素材、网页图像处理和动画制作；
　　　　　　　　　　负责 Word 文档到 HTML 文档的转换及优化

2008.09—2008.10　　广州市沙河兆联经济发展有限公司　　触摸屏查询系统
　　　　　　　　　　负责根据客户需求，设计查询系统的结构；
　　　　　　　　　　负责查询系统资料的整理和网页制作

社会实践

2007.09—2009.06　　多媒体设计与制作班　　班长
　　　　　　　　　　负责班级的日常事务管理、策划组织班级活动、辅助各课程任课教师教学管理，获
　　　　　　　　　　2007—2008 年度"文明班集体"称号

2006.09—2009.06　　电子与信息工程系　　学习科技部副部长
　　　　　　　　　　筹备第二届多媒体设计制作大赛，筹备 "高职艺术设计能力培养"和"高职就业
　　　　　　　　　　核心竞争力培养"2 次专业专题讲座

获奖情况

　　　　　　　　　　学院网页制作大赛一等奖和最佳创意奖；
　　　　　　　　　　学院第二届"多媒体设计大赛"一等奖；
　　　　　　　　　　2008—2009 年度三好学生标兵

语言及技能

　　　　　　　　　　专业技能：能熟练操作 Photoshop、Flash、Dreamweaver 等软件；
　　　　　　　　　　专业证书：高级图像制作员（Photoshop）、CorelDRAW制作员；
　　　　　　　　　　英语：省高校英语应用能力考试A级．CET-4 418分；
　　　　　　　　　　计算机：能熟练操作 Windows 、Office

图 9-14　简历最终效果图

9.4　知　识　目　标

9.4.1　简历要素解读

　　求职简历一般由个人信息、求职意向、教育背景、工作实习经历、项目经历、社会实践、奖励情况和其他个人信息等简历要素构成。

1．个人信息

个人信息用于 HR 识别并能够联系应聘者，主要包含必备信息和可选信息，必备信息有姓名、联系方式，可选信息有性别、年龄、政治面貌、籍贯、民族、照片等。个人信息的内容应该简单、直观、清晰，没有多余信息。姓名应突出显示，地址以当前应聘者所在地址为准，电话采用"3-4-4 原则"划分，如 135 3876 4286；电子邮箱要提供稳定的公共信箱，最好使用 163 邮箱，注册地址 http://mail.163.com/。

2．求职意向

求职意向是应聘简历的核心内容，求职意向要尽可能明确和集中，并与自己的专长、兴趣等相一致。避免以下情况：没有求职意向，求职意向不突出，求职意向不明确，求职意向与应聘岗位不一致，求职意向与实际工作经验不相关。

3．教育背景

一般按逆序来列举教育背景，主要是从大学阶段到毕业前所获得的学历，一般不写高中阶段和初中阶段，时间上要衔接好。教育背景必须包括的信息有时间段、学校、二级学院、专业和学历，可选信息有主修课程、成绩排名等。如果就读的是重点大学，可以加粗显示学校校名；如果应聘专业对口的职位，专业可以加粗强调，非对口专业则强调其他与职位相关的实习经历或者社会实践经历。如果专业符合应聘职位要求，可以不列课程，或者只列三四门与职位相关的主干课程，成绩好的可以附上成绩。若排名在班或系的 10％ 以内，也可以列举班上排名情况。

4．工作实习经历

工作实习经历是简历的重点内容，对于应届生来说，通常没有正式的全职工作经历，但是实习经历、兼职经历可以有效地弥补这一不足。描述实习具体情况时，不仅要描述工作目标、内容及所扮演的角色，更要描述工作业绩，最好能用数据说明你对公司的经济贡献、订单数量、客户数量和节省的时间。重点突出与职位相关的工作实习经历，不相关的经历轻描淡写甚至不写，实习经历从时间上一般采用倒序来描述。实习时间较长的置于行首，实习时间不长的置于行尾，公司知名度较高的置于行首。实习公司名称一般用全称，对招聘公司人力资源部门不太熟悉的实习公司，可以适应地简要介绍。职位名称应根据具体的工作、实习内容及其对应的部门性质确定，如"销售代表"、"设计助理"等，不可滥用"总监"、"主管"等头衔。

5．项目经历

项目经历往往反映的是求职者某个方面的实际动手能力，以及对某个领域或某种技能的掌握程度。一般包括论文、毕业课题中的相关研究课题项目。

6．社会实践

列举参加学生会、各类社团、志愿者活动和各种形式的商业比赛，写法上参照工作实习经历。

7. 奖励情况

应特别注意强调奖励的级别及特殊性,最好能够将所获奖励的难度以数字或者获奖范围表示出来,让招聘人员明白所获奖励的含金量,从而增加简历通过筛选的概率。删除与职位要求不相关的奖励,只保留那些与应聘职位比较相关、含金量比较高的奖励,从格式版面上做到清晰有序、层次分明,也可将奖励按学术类、社团类和文体类分类。

8. 英语、计算机及专业技能

可列举参加英语标准化考试的成绩和证明英语口语和读写能力的证据,成绩较好的可以列出成绩。计算机技能一般指软件的应用技能,可根据职位要求列举专业软件的操作能力。专业技能主要指与专业或应聘职位有关的技能、资格证书、认证等。

9.4.2　中文简历版式

简历幅面最好控制在单页 A4 纸以内,将最相关、最能体现个人就业竞争优势的信息放在前面。中文简历标题和简历要素一般用黑体,正文部分用宋体。尽量避免在一份简历中使用多种字体,少用斜体和下划线,强调部分可以用粗体,但不能过多。

打印简历时建议使用 80 克以上的 A4 打印纸,直接打印简历而不要复印简历,不要选择彩色打印和喷墨打印,应使用激光打印机打印简历。

9.4.3　Word 样式

样式是字体格式、段落格式、制表位、边框和底纹、语言、图文框、编号和快捷键的集合,应用样式是 Word 排版中最重要的内容,也是高级排版的基础。样式的操作主要有定义样式、应用样式、修改样式和更新样式。样式最好以样式的用途来命名,而不是以样式的具体格式来命名。正确地使用样式可以加快文档的排版速度,统一图文外观,节省调整时间。

项目10　排版《规划纲要》

10.1　项 目 任 务

使用 Office Word 2003 排版《珠江三角洲地区改革发展规划纲要(2008—2020 年)》,页面大小为 A4,上边距为 2.54 厘米,下边距为 2 厘米,左边距为 2.54 厘米,右边距为 2 厘米,制作包含二级标题的目录。

10.2　技 能 目 标

- ✓ 设置 Word 文档版式。
- ✓ 使用大纲视图定义大纲级别。
- ✓ 样式的定义与套用。
- ✓ 制作文档目录。
- ✓ 制作文档封面。

10.3　项 目 实 践

10.3.1　设置页面参数

启动 Word,在工具栏单击【新建】按钮▢,新建一个 Word 文档。选择【文件】|【页面设置】命令,弹出【页面设置】对话框,单击【页边距】标签,激活【页边距】选项卡。在【页边距】选项区中,【上】输入 2.54 厘米,【下】输入 2 厘米,【左】输入 2.54 厘米,【右】输入 2 厘米,在【方向】选项区中单击【纵向】按钮图标,如图 10-1 所示。不要关闭对话框。

单击【纸张】标签,切换到【纸张】选项卡。在【纸张大小】选项区中,单击【纸张大小】下拉列表框,从下拉列表项中选择"A4(21 厘米×29.7 厘米)",如图 10-2 所示。单击【确定】按钮,关闭【页面设置】对话框。

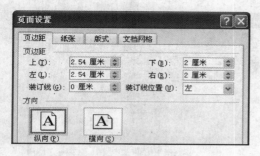

图 10-1 页边距设置

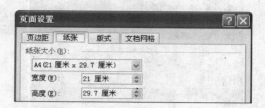

图 10-2 纸张大小设置

10.3.2 导入排版文稿

选择【插入】|【文件】命令,弹出【插入文件】对话框,单击【文件类型】下拉列表框,从弹出的下拉列表项中选择"文本文件(＊.txt)",选择"珠江三角洲地区改革发展规划纲要(2008—2020年).txt",单击【插入】按钮,将文稿插入到 Word 文档中,如图 10-3 所示。

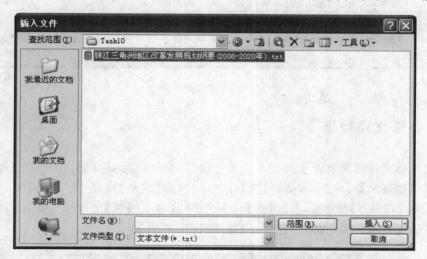

图 10-3 插入未排版的 txt 文档

10.3.3 定义大纲级别

选择【视图】|【大纲】命令,将视图从页面视图切换到大纲视图,将光标放到文稿"前言"所在行,在【大纲】工具栏中,单击【大纲级别】下拉列表框,从弹出的下拉列表项中选择"1级",则"前言"文字前面增加了大纲级别标识 ⊹ 前 言 。向下滚动页面,在正文中找到"一、加快珠江三角洲地区改革发展的重要意义"所在行,单击【大纲级别】下拉列表框,从弹出的下拉列表项中选择"1级"。以此类推,将文稿中所有一级标题的大纲级别定义为"1级"。用同样的方法,将文稿中所有二级标题的大纲级别定义为"2级"。完成大纲级别定义后,选择【视图】|【页面】命令,返回到页面视图,如图 10-4 所示。

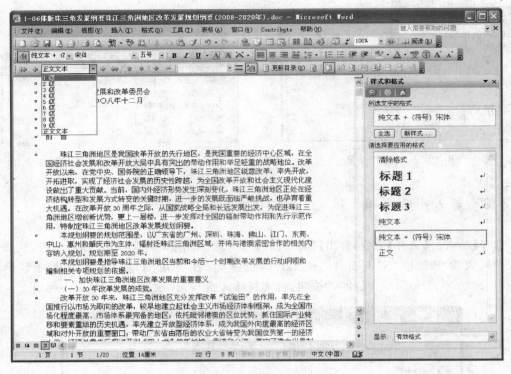

图 10-4 定义大纲级别

10.3.4 制作文档目录

将当前光标定位到文章开头要插入目录的位置,选择【插入】|【引用】|【索引和目录】命令,弹出【索引和目录】对话框,单击【目录】标签,切换到【目录】选项卡。选择【显示页码】复选框,选择【页码右对齐】复选框,在【常规】选项区中的【显示级别】文本框中输入 2,如图 10-5 所示,单击【确定】按钮,关闭【索引和目录】对话框。

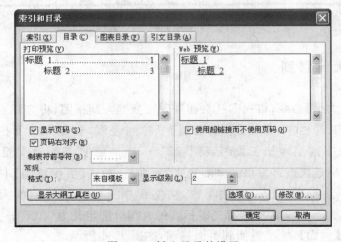

图 10-5 插入目录的设置

Word 在当前光标位置自动生成目录，如图 10-6 所示。

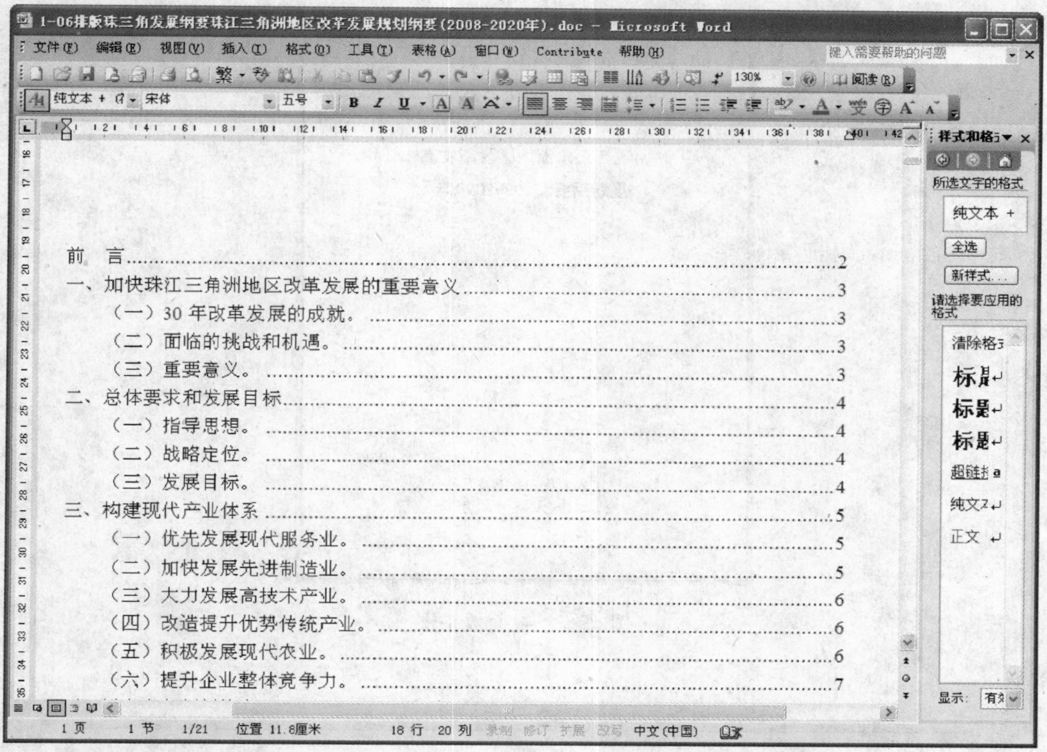

图 10-6　自动生成目录

10.3.5　排版与分页

1. 封面排版

从第 1 页开始排版，选择"珠江三角洲地区改革发展规划纲要（2008—2020 年）"标题文字，在【格式】工具栏中，从【字体】下拉列表框的列表项中选择"黑体"，从【字号】下拉列表框的列表项中选择"一号"；单击【居中】按钮，设置文字居中对齐；在标题前面按 Enter 键插入空行，定位标题在页面中部偏上位置。选择"国家发展和改革委员会"和"二〇〇八年十二月"文本，设置字体为"楷体"，字号为"二号"，对齐方式为"居中对齐"。按 Enter 键插入空行。定位到文本到页面底部位置，按 Ctrl＋Enter 组合键将目录排到下一页，如图 10-7 所示。

2. 目录排版

在目录前面输入"目录"两字并将其选中，在【格式】工具栏中设置字体为"黑体"，字号为"二号"，对齐方式为"居中对齐"。将光标定位在任意一级标题文本行中，单击【加粗】按钮**B**，将目录中所有一级标题加粗，如图 10-8 所示。

珠江三角洲地区改革发展

规划纲要(2008-2020 年)

国家发展和改革委员会
二〇〇八年十二月

图 10-7　封面效果图

目　录

图 10-8　目录效果图

3．正文排版

将光标定位在正文的前言处,选择【插入】|【分隔符】命令,弹出【分隔符】对话框,在【分隔符类型】选项区,选择【分页符】单选按钮,如图10-9所示。单击【确定】按钮,在目录与正文间插入分页符。

分别选择正文中的一级标题文字,在【格式】工具栏中,设置字体为"黑体",字号为"三号",对齐方式为"居中对齐"。分别选择正文中的二级标题文字,在【格式】工具栏中,设置字体为"宋体",字号为"五号",单击【加粗】按钮 **B**。选择【格式】|【段落】命令,弹出【段落】对话框,在【常规】选项区中,单击【对齐方式】下拉列表框,从弹出的下拉列表项中选择"左对齐";在【缩进】选项区中,单击【特殊格式】下拉列表框,从弹出的下拉列表项中选择"首行缩进";在【度量值】文本框中输入"2字符";在【间距】选项区,【设置值】文本框中输入1.3,如图10-10所示。

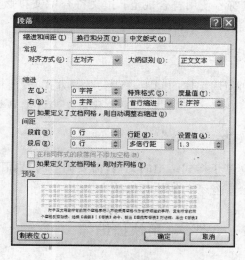

图10-9　插入分页符

图10-10　设置首行缩进和行间距

正文每段行首有两个空格字符,不能用作首行缩进字符。复制行首的两个空格到剪贴板中,选择【编辑】|【替换】命令,弹出【查找和替换】对话框,单击【替换】标签,切换到【替换】选项卡,将剪贴板上的内容粘贴到【查找内容】文字框,【替换为】文字框保持为空,如图10-11所示,单击【全部替换】按钮,可将所有段落行首的两个空格字符删除。

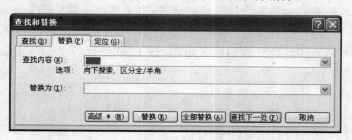

图10-11　删除段落行首的空格

10.4 知 识 目 标

10.4.1 创建"三好"Word 文档

1. 好看

设置页边距大小要合理,四周间距均衡,避免上边距小于下边距,装订边间距小于外边距。页眉、页脚位置合适,不过多侵占版心区域,不喧宾夺主。各级标题文字大小要阶梯排列,能与正文有所区别,能表达文章层次。字体颜色协调统一,不宜五颜六色,缺少统一和协调。段前/段后距、行间距、字间距设定合理;中文段落首行缩进 2 个字符;正文对齐方式统一;标点符号使用符合规范;正文符合中文排版规范和习惯;目录编排无遗漏条目;确保页码准确,页码严格右对齐。

2. 好排

灵活使用字体的间距、行距、对齐方式、段前/段后距、左右缩进、首行缩进、悬挂缩进、制表符,少用空格。用自动编号取代直接输入编号数字。用样式管理复杂的图文格式。

3. 好改

建立基于样式结构的文档,需要调整时,别盯着要修改的内容去修改它套用的样式,因为样式会一丝不苟地执行修改命令。

10.4.2 Word 常用快捷键

- ✓ 保存文档:Ctrl+S 组合键。
- ✓ 另存为:F12 键。
- ✓ 选择全部内容:Ctrl+A 组合键。
- ✓ 选择连续片段:按住鼠标左键,向下或向上拖动到选择的结束位置后释放左键。
- ✓ 选择非连续片段:按住 Ctrl 键,添加选择内容。
- ✓ 选择多页连续片段:单击选择开始的位置,向下或向上拖动到选择的结束位置,按住 Shift 键后单击。
- ✓ 选择纵向片段:在选择开始的位置单击,按下 Shift+Ctrl+F8 组合键,用方向键扩展纵向选区。
- ✓ 插入分页符:Ctrl+Enter 组合键。
- ✓ 插入空域:Ctrl+F9 组合键。
- ✓ 切断域链接:Shift+Ctrl+F9 组合键。
- ✓ 字符加粗:Ctrl+B 组合键。
- ✓ 删除段落格式:Ctrl+Q 组合键。

✓ 设置字体：Ctrl＋D 组合键。
✓ 重复上次操作：F4 键。
✓ 查找：Ctrl＋F 组合键。
✓ 替换：Ctrl＋H 组合键。
✓ 切换到页面视图：Ctrl＋Alt＋P 组合键。
✓ 切换到大纲视图：Ctrl＋Alt＋O 组合键。
✓ 切换到普通视图：Ctrl＋Alt＋N 组合键。

项目11　制作SWF格式的《规划纲要》

11.1　项 目 任 务

使用 Macromedia FlashPaper 2 将《珠江三角洲地区改革发展规划纲要》Word 文档转换为 SWF 格式。

11.2　技 能 目 标

Word 文档(*.doc)转换为 Flash 文档(*.swf)。

11.3　项 目 实 践

11.3.1　安装 FlashPaper

如果用于商业用途,请向软件开发商购买正式版本。安装 FlashPaper 前请退出所有程序,确认浏览器和 Office Word 没有处于运行状态。完成 FlashPaper 安装后,启动软件后的界面如图 11-1 所示,同时 FlashPaper 会在 Word 菜单中添加 FlashPaper 菜单项。

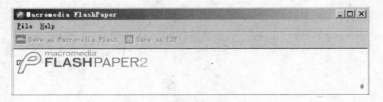

图 11-1　FlashPaper 界面

11.3.2　转换 Word 文档

启动 Word,选择【文件】|【打开】命令,弹出【打开】对话框,选择"珠三角规划纲要.doc"文档,单击【打开】按钮,打开文档。选择【FlashPaper】|【Convert to Macromedia Flash(.swf)】命令

或在【FlashPaper】工具栏中单击【convert current document to flash】按钮，如图11-2所示。

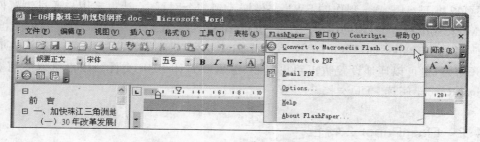

如图11-2　启动 FlashPaper 转换程序

FlashPaper 自动启动并弹出【Save as Flash】对话框，选择转换后的 SWF 保存目录，在【文件名】文本框中输入"珠三角规划纲要"，如图11-3所示，单击【确定】按钮，转换过程结束后将生成 SWF 文件。

图11-3　设置 SWF 文档的保存目录和文件名

11.4　知　识　目　标

11.4.1　FlashPaper 2 介绍

FlashPaper 2 是 Marcomedia 推出的一款电子文档转换工具，它使用安装时生成的虚拟打印机将 PowerPoint、Word 和 Excel 等可打印的文档转换为 SWF 格式和 PDF 格式，转换生成的文档能保持原文档的排版样式、图形、字体、特殊字符和颜色信息，在 Windows 和 Mac OS 系统中均可以使用。例如，可以在 Windows XP 中创建一个 Word 文档，然后使用 FlashPaper 将其转换为 SWF 文件，再将这个 SWF 文件发送给 Mac OS 用户使用。FlashPaper 2 为把原文档脱离该软件并分发使用提供了简单、高效的解决方案。

FlashPaper 所生成的 SWF 文件与 Flash 所生成的 SWF 文件格式相同,它通常比其他格式的文档要小得多,用户可以使用任何支持 Flash 的浏览器或 FlashPaper 查看 SWF 文档,还可以将 FlashPaper 制作的 SWF 文件嵌入到一个网页中,让更多用户通过浏览网页来查看 Microsoft Project、Microsoft Visido、QuarkXPress、AutoCAD 等软件制作的文档。

使用 FlashPaper 创建的 PDF 文档支持 PDF 格式的部分安全选项,可以设置 PDF 文档的打开密码,也可以通地设置防止用户复制、编辑和打印 PDF 文件。用户可以使用 Adobe Acrobat Reader 阅读 PDF 文档。

11.4.2　FlashPaper 2 特色

FlashPaper 2 具有以下特色:①支持直接鼠标拖放操作来创建 SWF 和 PDF 文件。将制作好的文档直接拖放到 FlashPaper 窗口中,选择转换后文档的类型及保存路径,即可快速创建 FlashPaper 文档。②直接用邮件发送。FlashPaper 支持将转换好的文档以电子邮件附件的方式直接发送。③支持 Office 界面集成。FlashPaper 在安装时会向 Word、PowerPoint 等程序添加菜单项和工具按钮,用户可以直接从当前 Office 文档窗口创建 FlashPaper 文档。④支 PDF 文档的安全选项。在 FlashPaper 中创建 PDF 文档时,用户可以设置 PDF 文档的打开密码,也可以设置防止用户复制、编辑和打印 PDF 文档的密码。⑤支持右击快捷菜单创建 SWF 和 PDF 文件。支持在转换文件上右击并直接调用 FlashPaper 创建文档。

11.4.3　SWF 文件功能

FlashPaper 2 创建的 SWF 文档具有以下功能:①支持超级链接。SWF 文档能自动保持 Word、PowerPoint 和 Excel 中原有的超级链接。②支持文档大纲。创建的 SWF 文档能够保持 Word、PowerPoint 文档的创建的大纲。③支持缩放。FlashPaper 文档可以在 Flash Player 或浏览器中使用缩放工具进行任意缩放。④支持查找。FlashPaper 支持对文本和短语的查找功能。⑤保证文本可复制。用户可以在 FlashPaper 文档中选择文本,然后复制并粘贴到其他文档。

项目12　转换繁体文章为简体文章

12.1　项　目　任　务

使用 Office Word 2003 的"中文简繁转换"命令，转换《廣州亞組委簡介》为简体中文文章。

12.2　技　能　目　标

Word 繁简转换操作方法。

12.3　项　目　实　践

下面介绍使用 Office Word 转换繁体文章为简体文章的方法。

启动 Office Word，选择【文件】|【打开】命令，弹出【打开】对话框，单击【文件类型】下拉列表框，从弹出的下拉列表项中选择"文本文件（＊．txt）"，选择"廣州亞組委簡介．txt"文件，如图 12-1 所示，单击【打开】按钮。

图 12-1　打开繁体文章

选择【工具】|【语言】|【中文简繁转换】命令,弹出【中文简繁转换】对话框,在【转换方向】选项区中,选择【繁体中文转换为简体中文】单选按钮,如图 12-2 所示,单击【确定】按钮。

完成转换后,全文变成了简体中文,转换前后对比如图 12-3 所示。

2005 年 7 月 8 日,國務院辦公廳正式複函給廣東省人民政府和國家體育總局,同意成立第 16 屆亞運會組委會。決定國家體育總局局長劉鵬擔任組委會主席,廣東省省長黃華華擔任組委會執行主席,組委會內設機構由組委會根據工作需要自行確定。

2005 年 7 月 8 日,国务院办公厅正式复函给广东省人民政府和国家体育总局,同意成立第 16 届亚运会组委会。决定国家体育总局局长刘鹏担任组委会主席,广东省省长黄华华担任组委会执行主席,组委会内设机构由组委会根据工作需要自行确定。

图 12-2 设置繁体中文转换为简体中文 　　　　　 图 12-3 繁简转换前后对照

12.4 知 识 目 标

12.4.1 字符与字符集

1. 字符

字符是各种文字和符号的总称,包括各国家文字、标点符号、图形符号、数字等。

2. 字符集

字符集是特定语言编码标准所包含的字符的集合。常见字符集有 ASCII 字符集、GB 2312 字符集、BIG5 字符集、GB 18030 字符集、Unicode 字符集等。字符集用于识别、存储、排版、输出。

12.4.2 字符编码发展

ASCII 码只支持英语,如英文 DOS。

ANSI 使用 0x80～0xFF 范围的 2 个字节来代表一个字符,例如,"中"的 ANSI 码为 [0xD6,0xD0]。在 ANSI 背景下形成了 GB 2312、BIG5、JIS 等国家和地区编码标准,不同 ANSI 编码之间互不兼容。

Unicode 为各种语言中的每一个字符设定了统一并且唯一的数字编号,以满足跨语言、跨平台进行文本转换和处理的要求。

12.4.3 ASCII

ASCII(American Standard Code for Information Interchange,美国信息互换标准代码)是基于罗马字母表的一套计算机编码系统,它主要用于显示现代英语和其他西欧语言。使用 7 位二进制数字代表一个字符,使用一个字节(byte,单位符号为 B)存储,最高位置 0,可以表示 128 个字符,包括所有的大小写英文字母、数字、标点符号及一些特殊字符,ASCII 编码表如表 12-1 所示。

表 12-1　ASCII 码表

十进制	八进制	十六进制	二进制	字符	十进制	八进制	十六进制	二进制	字符	十进制	八进制	十六进制	二进制	字符
000	000	000	00000000	NUL	043	053	02B	00101011	+	086	126	056	01010110	V
001	001	001	00000001	SOH	044	054	02C	00101100	,	087	127	057	01010111	W
002	002	002	00000010	STX	045	055	02D	00101101	—	088	130	058	01011000	X
003	003	003	00000011	EIX	046	056	02E	00101110	.	089	131	059	01011001	Y
004	004	004	00000100	EOT	047	057	02F	00101111	/	090	132	05A	01011010	Z
005	005	005	00000101	ENQ	048	060	030	00110000	0	091	133	05B	01011011	[
006	006	006	00000110	ACK	049	061	031	00110001	1	092	134	05C	01011100	\
007	007	007	00000111	BEL	050	062	032	00110010	2	093	135	05D	01011101	]
008	010	008	00001000	BS	051	063	033	00110011	3	094	136	05E	01011110	∧
009	011	009	00001001	HT	052	064	034	00110100	4	095	137	05F	01011111	_
010	012	00A	00001010	LF	053	065	035	00110101	5	096	140	060	01100000	、
011	013	00B	00001011	VT	054	066	036	00110110	6	097	141	061	01100001	a
012	014	00C	00001100	FF	055	067	037	00110111	7	098	142	062	01100010	b
013	015	00D	00001101	CR	056	070	038	00111000	8	099	143	063	01100011	c
014	016	00E	00001110	SO	057	071	039	00111001	9	100	144	064	01100100	d
015	017	00F	00001111	SI	058	072	03A	00111010	:	101	145	065	01100101	e
016	020	010	00010000	DLE	059	073	03B	00111011	;	102	146	066	01100110	f
017	021	011	00010001	DC1	060	074	03C	00111100	<	103	147	067	01100111	g
018	022	012	00010010	DC2	061	075	03D	00111101	=	104	150	068	01101000	h
019	023	013	00010011	DC3	062	076	03E	00111110	>	105	151	069	01101001	i
020	024	014	00010100	DC4	063	077	03F	00111111	?	106	152	06A	01101010	j
021	025	015	00010101	NAK	064	100	040	01000000	@	107	153	06B	01101011	k
022	026	016	00010110	SYN	065	101	041	01000001	A	108	154	06C	01101100	l
023	027	017	00010111	ETB	066	102	042	01000010	B	109	155	06D	01101101	m
024	030	018	00011000	CAN	067	103	043	01000011	C	110	156	06E	01101110	n
025	031	019	00011001	EM	068	104	044	01000100	D	111	157	06F	01101111	o
026	032	01A	00011010	SUB	069	105	045	01000101	E	112	160	070	01110000	p
027	033	01B	00011011	ESC	070	106	046	01000110	F	113	161	071	01110001	q
028	034	01C	00011100	FS	071	107	047	01000111	G	114	162	072	01110010	r
029	035	01D	00011101	GS	072	110	048	01001000	H	115	163	073	01110011	s
030	036	01E	00011110	RS	073	111	049	01001001	I	116	164	074	011101100	t
031	037	01F	00011111	US	074	112	04A	01001010	J	117	165	075	01110101	u
032	040	020	00100000	SP	075	113	04B	01001011	K	118	166	076	01110110	v
033	041	021	00100001	!	076	114	04C	01001100	L	119	167	077	01110111	w
034	042	022	00100010	"	077	115	04D	01001101	M	120	170	078	01111000	x
035	043	023	00100011	#	078	116	04E	01001110	N	121	171	079	01111001	y
036	044	024	00100100	$	079	117	04F	01001111	O	122	172	07A	01111010	z
037	045	025	00100101	%	080	120	050	01010000	P	123	173	07B	01111011	{
038	046	026	00100110	&	081	121	051	01010001	Q	124	174	07C	01111100	|
039	047	027	00100111	'	082	122	052	01010010	R	125	175	07D	01111101	}
040	050	028	00101000	(	083	123	053	01010011	S	126	176	07E	01111110	~
041	051	029	00101001	)	084	124	054	01010100	T	127	177	07F	01111111	DEL
042	052	02A	00101010	*	085	125	055	01010101	U					

如 Google 的 ASCII 码表示为 47 6F 6F 67 6C 65,占 6 个字节,如图 12-4 所示。

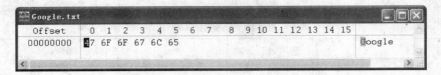

图 12-4　Google 的 ASCII 码表示

12.4.4　GB 2312

GB 2312 见 2.4.2 小节。

GB 码采用双字节表示,它由 4 位十六进制数字构成双字节编码,2 个字节的首位为 0 表示一个字符,编码范围 0x2121-0x7E7E。如"百度 Hi"的 GB 2312 码表示为 B0 D9 B6 C8 48 69,占 6 个字节,如图 12-5 所示。

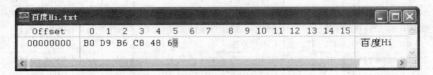

图 12-5　"百度 Hi"的 GB 2312 码表示

12.4.5　BIG5

BIG5 又称大五码或五大码,是由中国台湾省制定并在中国台湾省、中国香港特别行政区使用的汉字编码。BIG5 字符集共收录 13053 个中文字。BIG5 码使用了双字节储存方法,以 2 个字节来编码一个字,第一个字节称为"高位字节",第二个字节称为"低位字节",高位字节的编码范围为 0xA1~0xF9,低位字节的编码范围为 0x40~0x7E 及 0xA1~0xFE。

12.4.6　GBK

GBK 的 K 是扩(kuo)的声母,GBK 1.0 收录了 21886 个符号,它分为汉字区(21003 个字符)和图形符号区。

12.4.7　GB 18030

GB 18030 是取代 GBK 1.0 的正式国家标准,该标准收录了 27484 个汉字,还收录了藏文、蒙文、维吾尔文等主要的少数民族文字。GB 18030 标准采用单字节、双字节和四字节三种方式对字符编码。单字节部分使用 0x00~0x7F 码,对应于 ASCII 码的相应码,双字节部分首字节码从 0x81~0xFE,尾字节码位分别是 0x40~0x7E 和 0x80~0xFE,四字节部分其范围为 0x81308130~0xFE39FE39,其中第一、第三个字节编码码位均为 0x81~0xFE,第二、第四个字节编码码位均为 0x30~0x39。

12.4.8　Unicode

Unicode 为每种语言的每个字符设定了统一并且唯一的二进制编码,以满足跨语言、跨平台进行文本转换、处理的要求。计算机存放 Unicode 字符串时,改为存放每个字符在 Unicode 字符集中的序号,计算机一般使用 2B(16 位)来存放一个序号。如"百度 Hi"的 Unicode 表示为 FFFE 7E76 A65E 4800 6900,占 10B,如图 12-6 所示。

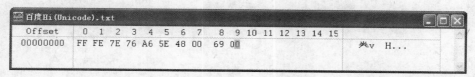

图 12-6　"百度 Hi"的 Unicode 表示

第二篇　图像素材采集与处理

模块分解	项目名称	硬件、软件与素材
扫描图像	项目 13　扫描证书	平台扫描仪； Adobe Photoshop CS4； 证书原件
数码摄影	项目 14　拍摄淘宝网店宝贝相片	数码照相机或照相手机； 摄影灯
图像捕捉	项目 15　使用 HyperSnap 捕捉屏幕图像	HyperSnap 6
调整图像	项目 16　制作印前原稿	Adobe Photoshop CS4
	项目 17　修复模糊的数码照片	Adobe Photoshop CS4
	项目 18　去除数码照片中的红眼	Adobe Photoshop CS4
	项目 19　黑白照片上色	Adobe Photoshop CS4
通道与蒙版	项目 20　制作题词背景	Adobe Photoshop CS4
图像制作与合成	项目 21　制作液态文字	Adobe Photoshop CS4； 方正水柱简体
	项目 22　制作播放按钮	Adobe Photoshop CS4
	项目 23　制作数码背景	Adobe Photoshop CS4

项目13 扫描证书

13.1 项目任务

使用扫描仪扫描自己的获奖或职业资格证书,根据扫描稿情况使用 Adobe Photoshop CS4 进行后期处理,再将扫描图像处理成宽度为 600 像素的网页图像,保存为 JPG 格式。

13.2 技能目标

- ✓ 扫描仪硬件连接与驱动程序安装。
- ✓ 图片扫描操作。
- ✓ 扫描参数设置。
- ✓ 扫描稿后期处理。
- ✓ 网页图像处理。

13.3 项目实践

13.3.1 准备原稿

检查证书是否有灰尘、污点或划痕,如果证书有皱折应事前压平。扫描要求尽可能选用干净、层次丰富、轮廓清晰、色彩鲜艳的原稿,原稿要符合复制目的、原稿内容及艺术再现性的工艺参数要求,并在扫描时对它进行适当的调整,以便突出原稿的特点,弥补其不足。做好原稿的评价与分析,可以减轻对扫描后的图像进行再处理的工作量,能够起到事半功倍的效果。

13.3.2 准备扫描仪

正确安装扫描仪驱动程序。驱动程序通常在购买扫描仪时生产厂商会附带在包装箱中,也可以到驱动程序下载网站(如驱动之家 http://www.mydrivers.com/)去下载,完成驱动程序安装。连接扫描电缆到计算机,打开扫描仪电源,进入预热状态。预热时间视扫描仪品牌有一定差异,原则上保证扫描仪充分预热以便获得稳定的扫描质量。

13.3.3 放置原稿

扫描时将证书从封面上拆下,正面朝下(正面贴近玻璃板),证书的正上方放在扫描仪的灯管起始位置一侧(一般为玻璃平台的外侧),保持证书平整和平直,尽可能减少后期的Photoshop 图像倾斜度和平直校正等工作环节。

13.3.4 激活扫描软件

启动 Photoshop,选择【文件】|【导入】命令,从【导入】的级联菜单中选择已经安装好的扫描仪名称,如图 13-1 所示,即可启动扫描程序。

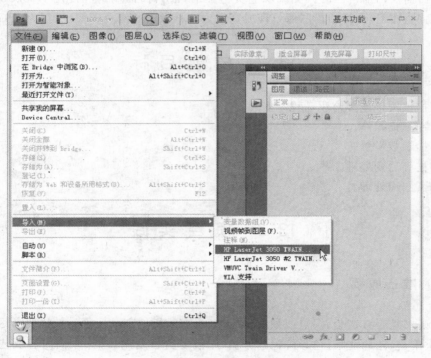

图 13-1 启动扫描仪扫描程序

13.3.5 预扫图像

扫描仪具有低分辨率预览图像的功能,预扫用于确定扫描区域,设置扫描参数,如分辨率、扫描图像的尺寸以及图像的类型。预扫后,需要对图像的色彩、层次、清晰度进行调整,使扫描出来的图像更能忠实于原稿,并能对原稿上的不足进行弥补。

考虑到证书以后可能用于打印或印刷输出,因此扫描时应按最高使用质量要求来设置参数,设置分辨率为 300dpi,缩放比例为 200%,如图 13-2 所示。

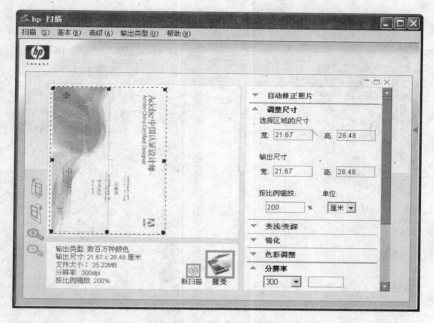

图 13-2 扫描参数设置

13.3.6 扫描

当参数设置完成后,单击【接受】按钮图标 ,扫描仪开始对图像进行最终扫描,扫描速度取决于扫描分辨率、扫描幅面大小等设置。当扫描结束后,扫描生成的图像会在 Photoshop 编辑区打开,如图 13-3 所示。暂时不要拿开或挪动证书,先在显示器上检查扫描图像是否达到后期使用要求,以备必要时设置参数重新扫描。当对扫描质量满意后,选择 【文件】|【保存】命令,弹出【保存】对话框,选择文件保存目录,在【文件名】文本框中输入 Adobe;单击【格式】下拉列表框,从弹出的下拉列表项中选择 TIFF（＊.TIF；＊.TIFF）; 单击【保存】按钮,保存扫描稿。

13.3.7 扫描稿后期处理

扫描稿的后期处理主要是在图像处理软件中对图像进行修饰,创意设计,校正色彩、层次和清晰度,调整图像的尺寸和分辨率。本例主要进行白边裁切和图像旋转。

选择【图像】|【旋转】|【90°(逆时针)】命令,转正图像,再单击工具栏【裁剪】工具 ,拖动鼠标绘制一个仅包含图像部分的矩形裁切框,按住 Ctrl 键精确调整裁切框各边边界,如图 13-4 所示。按 Enter 键或双击鼠标应用裁剪。

选择【文件】|【另存为】命令,打开【另存为】对话框,选择文件保存目录,在【文件名】文本框中输入"Adobe(处理)";单击【格式】下拉列表框,从弹出的下拉列表项中选择 TIFF（＊.TIF; ＊.TIFF）;单击【保存】按钮,保存处理后的扫描稿图像。

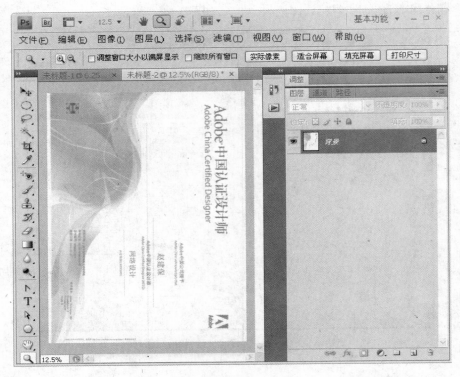

图 13-3　扫描后的证书图像

13.3.8　制作网页用证书图像

网页模板要求将证书图像处理成宽 600 像素的 JPG 图像，文件不大于 100KB。选择【图像】|【图像大小】命令，弹出【图像大小】对话框，选中【约束比例】复选框，在【像素大小】选项区的【宽度】文本框中输入 600，高度按比例自动设置，如图 13-5 所示。单击【确定】按钮，关闭【图像大小】对话框。

图 13-4　旋转和裁剪扫描稿

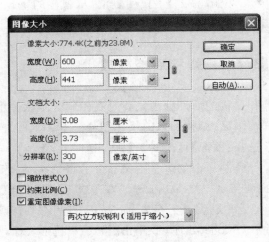

图 13-5　缩小证书图像

选择【文件】|【另存为】命令,弹出【存储为】对话框,选择文件保存目录,在【文件名】文本框中输入"Adobe(Web)";单击【格式】下拉列表框,从弹出的下拉列表项中选择 JPEG(＊.JPG;＊.JPEG;＊.JPE);单击【保存】按钮,弹出【JPEG 选项】对话框,在【图像选项】选项区中,在【品质】文本框中输入 8,如图 13-6 所示,单击【确定】按钮完成网页图像保存。

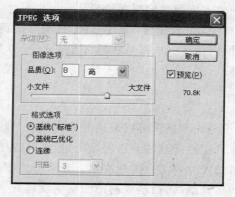

图 13-6　设置 JPEG 压缩品质

13.4　知　识　目　标

13.4.1　扫描仪类型

扫描仪按结构可以分为滚筒扫描仪和平台扫描仪,滚筒扫描仪属于专业高端扫描仪,具有扫描精度高、动态范围大、层次丰富等特点,但设备价格比平台扫描仪昂贵很多,滚筒扫描仪和平台扫描仪的比较如表 13-1 所示。

表 13-1　滚筒扫描仪和平台扫描仪对比

比较指标	滚筒扫描仪	平台扫描仪
光电器件	光电倍增管(PMT)	电荷耦合装置(CCD)
设备价格	高(万元级)	低(千元级)
原稿类型	柔软的正片、负片、透射稿和反射稿、彩色片、黑白片	反射稿、透明稿,软硬原稿均可
动态密度	高达 3.8D	3.0D 左右
清晰度	高,红、绿、蓝和虚光蒙版四通道分色扫描	红、绿、蓝分色,无虚光蒙版
放大倍率	大	小
扫描速度	快	慢

13.4.2　扫描术语

1. 扫描分辨率

扫描分辨率是指扫描仪能够在每英寸或每厘米原始图像上采集的信息量,表明扫描仪扫描过程对图像细节的分辨能力,一般用 dpi(dot per inch,每英寸点数)来表示。扫描分辨率设置由最终的输出分辨率、原稿放大尺寸、扫描光学分辨率等因素决定,即遵照"输出决定输入"原则。在印刷出版领域,扫描分辨率可以由下面的公式计算得到:

$$扫描分辨率＝放大倍数×加网系数×加网线数$$

其中,

$$放大倍数＝输出图像尺寸÷原稿尺寸$$

加网系数跟加网线数相关,加网线数指印刷品上每英寸的网点数,用 lpi 表示,通常由几个扫描像素点组成一个网点信息。加网系数通常在 1.5～2.0 之间,可以有效避免因加网角度不同而带来的质量下降。

2．光学分辨率

光学分辨率是指扫描设备光学系统可以采集的单位长度上的实际信息量的多少。平台扫描仪的光学分辨率由 CCD 器件阵列的分布密度决定,滚筒扫描仪的光学分辨率由滚筒旋转速度、光源、步进电机、镜头尺寸等综合因素决定。光学分辨率越高,图像扫描时取样的最小点越小,支持扫描放大的倍数越高,扫描仪的图像质量就越好。

3．原稿尺寸

原稿尺寸是指扫描仪能够放置的原稿尺寸大小,通常扫描仪的最大尺寸为 A4 或 A3。

4．动态密度

动态密度是指扫描仪所能够探测到的最浅颜色和最深颜色之间的密度差值,动态范围越宽,说明设备再现色调细微变化的能力越强,可以捕捉到更多的图像细节。

反射稿的反射密度是入射光通量与反射光通量之商的常用对数,透射稿的透射密度是入射光通量与透射光通量之商的常用对数,计算公式如下:

$$反射密度 = \lg \frac{入射光通量}{反射光通量} \quad 透射密度 = \lg \frac{入射光通量}{透射光通量}$$

密度为 0,完全透光(透射稿)或完全反光(反射稿);密度为 2,表示 1% 的透光和反光。密度越高,颜色越黑。例如,正片 Dmax＝3.5,则最大透光率为 95%;Dmin＝0.02,则最小透光率为 0.03%。理论上认为,最大的密度范围是 0～4.0,4.0 是炭黑的理论密度,0 是纯光。彩色印刷品的密度大约为 1.8,彩色照片的密度大约为 2.5,负片的密度大约为 2.8,彩色正片的密度大约为 3.3。

5．位深度

位深度是指扫描仪量化每个像素的最大颜色数和灰度级,随着位深度的增加,扫描仪可以捕获到更多的图像细节,图像文件也越大。

13.4.3 扫描模式

扫描模式是指以什么样的色彩空间对图像进行扫描,如黑白二值图像、灰度图像和彩色图像,它们的颜色、位深各不相同。黑白二值图像也叫位图或线条图,其颜色位深为 1 位(1bit)。灰度图像包含的信息要多得多,8 位灰度图可以表示多达 $256(2^8)$ 级灰度,图片的层次非常丰富、准确。扫描彩色图像时也可以选择 RGB 模式和 CMYK 模式。一般的彩色扫描仪为 24 位真彩色 RGB 图像模式,红、绿、蓝三个通道各为 8 位,对应于每个颜色有 256 个层次阶调,能真实再现图像的色彩和细节层次。

选择哪种扫描模式与最终图像的输出方式直接相关。选择位图还是灰度图比较直观;扫描彩色图像时则需要在 RGB、CMYK、Lab 颜色模式间进行选择。实际工作中大多先用 RGB 方式扫描原图,再根据相应的输出需求转换成其他的颜色模式,如 CMYK 模式。如果确定最后输出图像是用于印刷的,并且也可以获得相应的分色参数,如印刷机、纸张、油墨的类型以及色调范围和色平衡条件,也可直接用 CMYK 模式进行扫描。

扫描过程中色彩和层次校正一般包括:黑白场定标、反差系数(Gamma 值)的确定、色彩校正、图像的清晰度强调以及印刷品的去网设置。

13.4.4　设定扫描仪黑白场

黑白场定标也称为定高光和定暗调,设置黑白场可以获得复制要求的阶调层次。设置黑白场有两种方法:一种是通过扫描软件进行前端设置;另一种方法是通过图像处理软件进行后端设置。图像的输出类型以及所采用的工艺方式决定了应如何对黑白场进行定标。

白场定标对图像的影响。原稿上高光点的设置非常重要,选择不当,会使高光的细微层次损失,甚至绝网。正确的高光点应选在原稿图像中有细微层次变化的最亮点,该点也是能印刷出最小网点的点。若高光点设定过高,则复制后印刷品中有的区域会出现绝网现象,原稿上应有的细微层次的地方因绝网而层次损失,即高光点层次损失。若高光点设定过低,则印刷的高光变暗,整幅图像的反差变小,给人沉闷的感觉。

黑场定标对图像的影响。相对于亮调而言,人眼对暗调区域的层次细节更加敏感,因此,暗调区细节层次的复制对图像的整体质量至关重要。黑场设置可以改变暗调反差、层次和纠正色偏。黑场点设定的正确与否,直接影响着暗调、中间调层次的再现和图像的反差。若暗调点设置正确,可印刷出原稿中最黑的有层次变化的区域,能复制出所有的暗调层次,获得理想的反差。若暗调点设定过高,则暗调可印刷出的最大网点过小,暗调变浅,印品的明暗反差变小。若暗调点设定过低,则暗调可印刷出的最大网点过大,暗调变深,印品的明暗反差变大,有层次的地方变成了实地,使暗调层次损失。

对于印刷和打印输出而言,尽管原稿为 0～100% 的全色调,但一般要求将图像中的层次压缩到小于全色调的范围后再进行输出。大多数情况下,在白纸上印刷时,最常用的高光极点值 CMYK 值是 5、3、3、0,对应的 RGB 值是 244、244、244,对应的灰度等量值为 4% 的点。而暗调极点值 CMYK 值为 75、65、65、90,对应的 RGB 值为 10、10、10,对应的灰度等量值为 96% 的点。如果扫描原稿的层次局限在某一范围内,也可以通过定标设置将图像的层次拉开到最大范围。

黑白场定标常用于调节曝光不足或曝光过度的图像。曝光不足的图像整体偏暗,无法较好地表现画面中的层次,可以利用白场定标来提亮图像。将图像中相对较亮的灰度点定位于白场高光点,可使图像的层次扩展到整个色调范围,使层次细节拉开。曝光过度的图像整体偏亮,层次主要集中在亮调部分,而牺牲了暗调部分的层次,这时可以利用黑场定标来增强图像的对比度。选取图像的暗调处,并将它重新映射到黑场暗调点,实现拉开图像层次,增强对比度的目的。

13.4.5　扫描技巧

扫描设备是最主要的图像捕获设备,高质量的扫描输入是图像数字化的目标。在扫描过程中,原稿的状况、扫描设备的性能、操作人员的技术水平以及最终图像的应用等综合因素决定着图像的质量。

（1）扫描分辨率由输出决定,并非越高越好。印刷用素材分辨率远高于网页图像的分辨率。盲目追求高分辨率,会导致扫描速度变慢、占用存储空间增多、传输和处理更费时。

（2）当扫描仪扫描分辨率达到极限时,图像放大倍数增加,则必须降低印刷加网线数,从而使输出质量大大下降。

（3）最好在扫描时确定图像的缩放,对扫描后的图像进行放大会导致图像质量下降。当不能确定输出图像尺寸时,建议在扫描时用最高分辨率将图像放大到最大尺寸,当尺寸确定后,再降低图像的分辨率将图像缩小到理想的尺寸。

（4）尽量不要用高于光学分辨率的扫描分辨率进行扫描。设置的扫描分辨率应是最大光学分辨率的整数倍,假如扫描仪的光学分辨率是 600dpi,则扫描分辨率最好是 600dpi、300dpi、200dpi、150dpi、100dpi 和 75dpi。

项目14 拍摄淘宝网店宝贝相片

14.1 项目任务

使用数码照相机拍摄淘宝网店宝贝相片,要求构图简洁,能突出商品特色,布光能表现商品形象和质感。

14.2 技能目标

- ✓ 摄影器材准备。
- ✓ 宝贝摆位。
- ✓ 摄影布光。
- ✓ 摄影构图。
- ✓ 导出宝贝图片。

14.3 项目实践

14.3.1 器材准备

(1) 数码照相机。拍摄网店宝贝要有一款适合静物拍摄的单反照相机或卡片照相机,最好有微距功能,便于拍摄精细的商品。拍摄前要给电池充足电,检查照相机存储卡是否有足够的存储空间。

(2) 三脚架。三脚架是网店宝贝拍摄乃至其他各类题材摄影不可或缺的主要附件。使用三脚架可以避免照相机晃动,保证影像的清晰度。

(3) 摄影灯具。摄影灯具是室内拍摄的主要工具,如果有条件,应具备三只以上的照明灯,建议使用 30W 以上三基色白光节能灯,价格相对便宜,色温也好。

(4) 拍摄台。进行商品拍摄必备拍摄台,可以用办公桌、家庭用的茶几、方桌、椅子和大一些的纸箱,甚至光滑平整的地面均可以做拍摄台使用。

(5) 背景材料。背景使用的材料主要有:专用的背景布/纸、呢绒、丝绒、布料、纸张和墙壁等。可以到文具商店买一些全开的白卡纸,也可以到布料市场购买一些质地不同的纯毛、化纤、丝绸等布料来做背景使用,拍摄时要求背景材料干净、平整和无反光。

14.3.2 布置背景

商品拍摄中背景在表现主体所处的环境、气氛、空间、整个画面的色调及其线条结构方面有着很重要的作用。背景色彩应该有利于商品形象的表现,能与主题对象形成对比。由于背景的面积比较大,能够直接影响画面内容的表现,背景处理的好坏在某种程度上决定静物拍摄的成败。

背景色彩的处理应追求艳丽而不俗气、清淡而不苍白的视觉效果。背景色彩的冷暖关系、浓淡比例、深浅配置、明暗对比,都必须以能更好地突出主体对象这个总的前提为出发点。可以用淡雅的背景衬托色彩鲜艳的静物,也可以利用淡雅的静物配以淡雅的背景。在这方面没有一定的规律和要求,只要将主体和背景的关系处理得协调、合理即可。对于主体的烘托和表现,黑与白有着其他颜色背景达不到的效果,尤其是白背景给人那种简练、朴素、纯洁的视觉印象,会将主体表现的清秀明净,淡雅柔丽。

14.3.3 宝贝摆放

网店图片摄像多为无情节摄像,侧重于表现商品的质感、外形特征和色彩效果,多以精巧的构图和精致的用光取胜。当拍摄对象确定后,需仔细观察它们的特征及相互之间的关系。在准备拍摄之前,要对被摄商品进行仔细的观察,取其最完美,最能表现自身特点的角度,然后将其放在带有背景的静物拍摄台上。

商品在画面中布局的过程是建立画面各种因素的开始,这其中包括主体的位置、陪体与主体关系、光线的运用、质感的表现、影调与色调的组织与协调、画面色彩的合理使用、背景对主体的衬托、画面气氛的营造等。按照构图的基本要求,在简洁中求主体的突出,在均衡中求画面的变化,在稳定中求线条和影调的跳跃,在生动中求和谐统一,在完整里求内容与形成的相互联系。避免将宝贝置于画面的中央,以免画面显得呆板。

14.3.4 布置光线

商品拍摄的对象多数是能够放在拍摄台上的东西,物体的质感表现和画面的构图安排较其他的摄影题材表现要求更高,而且拍摄中灯光使用较多,自然光使用较少,所以在画面布局和灯光处理方面比较复杂。下面介绍两种拍摄商品的光线使用方法。

1. 两种光线用法

(1) 室内自然光。由于室内自然光是由户外自然光通过门窗等射入室内的光线,方向明显,极易造成物体受光部分阴暗部分的明暗对比,既不利于表现商品的质感,也很难表现色彩。对于拍摄者来讲,运用光线的自由程度即受到限制。要改变拍摄对象明暗对比过大的问题,一是要设法调整自己的拍摄角度,改善商品的受光条件,加大拍摄对象与门窗的距离。二是合理地利用反光板,使拍摄对象的暗处局部受光,以此来缩小商品的明暗差别。利用室内自然光拍摄商品照片,如果用光合理、准确、拍摄角度适当,不但能使商品的纹路清晰,层次分明,还能达到拍摄对象受光亮度均匀,画面气氛逼真的效果。

(2)人工光源。人工光源主要是指各种灯具发出的光。这种光源是商品拍摄中使用非常多的一种光源。它的发光强度稳定,光源的位置和灯光的照射角度可以根据自己的需要进行调节。在许多情况下,拍摄对象的表面结构决定着光源的使用方式。在一般情况下,商品拍摄是依靠在被摄商品的特征吸引买方的注意,光线的使用会直接关系到商品的形象。要善于运用光线明与暗、强与弱的对比关系,了解不同位置的光线所能产生的结果。侧光能很好地显示拍摄对象的形态和立体感,侧逆光能够强化商品的质感表现;角度较低的逆光能够显示出透明商品的透明感,角度较高的逆光可用于拍摄商品的轮廓形态。

熟悉和掌握上述各种位置灯光的作用和效果,在拍摄过程中可以先使用一只亮度较大的单灯在拍摄对象的前后、左右不同的位置进行照明实验,细心观察不同位置光线所能产生的不同效果,了解它对拍摄对象的表现所产生的作用。

2.光线的先后顺序

正规的布光方法,应该注重使用光线的先后顺序,首先要重点把握的是主光的运用,因为主光是所有光线中占主导地位的光线,是塑造拍摄主体的主要光线。当主光确定后再调整辅助光,来调整画面上由于主光的作用而形成的反差,要适当掌握主光与辅助光之间的光比情况。辅助光的位置,一般都安排在照相机附近,灯光的照射角度应适当高一些,目的是降低拍摄对象的投影,不致影响到背景的效果。辅助光确定以后,根据需要再来考虑轮廓光的使用。轮廓光的位置,一般都是在商品的左后侧或右后侧,而且灯位都比较高。使用轮廓光时,要注意是否有部分光线射到镜头表面,一经发现要及时处理,以免产生眩光。其后再按照拍摄需要,考虑背景光等其他光线的使用。

3.背景灯光的运用

在商品拍摄中,背景灯光如果运用合理,不仅能在一定程度上清除一些杂乱的灯光投影,同时也能更好地渲染和烘托主体。背景灯光的布光有两种形式:一种是将背景的照明亮度安排得很均匀,尽可能地在背景上没有深浅明暗的差异;另一种是将背景的光线效果布置成中间亮周围逐渐暗淡的效果,或背景上部暗逐渐向下过渡的光线效果。通过用光线对背景的调整,可以使背景的影调或色彩既有明暗之分又有深浅之别,将拍摄对象与背景融成一个完美的整体,会得到非常好的拍摄效果。

全部所需光线部署好以后,再纵观全局,做一些必要的细微调整。当然这种有主有从、有先有后的布光顺序适用于一般情况。面对一些特殊的拍摄对象,光线的使用并不一定拘泥于主光到辅助光再到轮廓光这种用光顺序。有时只需要一只灯照明,有时将顶光作为主光使用。所以,拍摄者可通过反复实践,掌握用光的规律,就能很好地把握商品拍摄中光线的使用效果。

4.几种不同表面结构商品的光线运用方法

(1)粗糙表面商品的光线运用。有许多商品具有粗糙的表面结构,如皮毛、棉麻制品、雕刻等,为了表现出好的质感,在光线的使用上,应采用侧逆光或侧光照明,这样能使商品表面表现出明暗起伏的结构变化。

(2)光滑表面商品的光线运用。一些光滑表面的商品,如金银饰品、瓷器、漆器、电镀制品等,表面结构光滑如镜,具有强烈单向反射能力,直射灯光聚射到这种商品表面,会产生强烈的光线改变。所以拍摄这类商品,一是要采用柔和的散射光线进行照明;二是可以采取间接照明的方法,即灯光作用在反光板或其他具有反光能力的商品上,反射出来的光照明商品,能够得到柔和的照明效果。

(3)透明商品的光线运用。玻璃器皿、水晶、玉器等透明商品的拍摄一般都采用侧逆光、逆光或底光进行照明,就可以很好地表现出静物清澈透明的质感。

(4)无影静物的光线运用。有一些商品照片,画面处理上完全没有投影,影调十分干净。这种照片的用光方法,是使用一块架起来的玻璃台面,将要拍摄的商品摆在上面,在玻璃台面的下面铺一张较大的白纸或半透明描图纸。灯光从下面作用在纸的上面,通过这种底部的用光就可以拍出没有投影的商品照片。如果需要,也可以从上面给商品加一点辅助照明。这种情况下,要注意底光与正面光的亮度比值。

14.3.5　拍摄与输出

当对背景、构图和光线调节满意后,可按下快门完成拍摄。如果在室内运用自然光拍摄静物照片,利用较慢的快门速度,在开启快门时,同时将背景进行左右或是上下的快速移动,同样可以达到虚化背景的目的,但需要两个人进行操作,快门速度也应该在1/2秒以下。当拍摄完成后,及时将照相机存储卡中的影像通过数据线导入计算机。

14.4　知　识　目　标

14.4.1　商品摄影

网店商品摄影对象多指室内饰物、花卉、器皿、工艺品等一些体积较小、可以人工摆放的物品。商品拍摄不同于其他题材的摄影,它不受时间和环境的限制,一天24小时都可以进行拍摄,拍摄的关键在于对商品有机地组织、合理地构图、恰当地用光,将这些商品表现得静中有动、栩栩如生,通过你的照片给买家以真实的感受。

1. 商品的拍摄特点

商品拍摄具有以下特点:①对象静止。商品拍摄区别于其他摄影的最大特点,是它所拍摄的对象都是静止的物体。②摆布拍摄。摆布拍摄是区别于其他摄影的又一个显著特点,不需要匆忙地进行现场拍摄。可以根据拍摄者的意图进行摆布,慢慢地去完成。③还原真实。不必要过于追求意境,失去物品的本来面貌。

2. 商品拍摄的总体要求

商品拍摄的总体要求是将商品的形、质、色充分表现出来,而不夸张。①形指的是商品的形态、造型特征以及画面的构图形式。②质指的是商品的质地、质量、质感。商品拍摄对质的要求非常严格,体现质的影纹层次必须清晰、细腻、逼真,尤其是细微处,以及高光和阴影部分,对质的表现要求更为严格。用恰到好处的布光角度,恰如其分的光比反差,以求更好地完成对质的表现。③色指的是商品拍摄要注意色彩的统一,色与色之间应该是互相烘托,而不是对抗,要形成统一的整体。在色彩的处理上应力求简、精、纯,避免繁、杂、乱。

14.4.2　常用影室灯具

商品摄影对影像的再现效果有着极为严格的要求,因此,许多被摄对象都被置于影室内精致地进行布光和拍摄。用于影室内照明的光源有钨丝灯和电子闪光灯两种。由于电子闪光灯具有发光强度大、色温稳定、发热少和电耗小等优点,因此,目前广告摄影影室照明多采用电子闪光灯,其中,比较常用的有伞灯、柔光灯、雾灯、泛光灯和聚光灯等几种。

1.伞灯

将不同质地、规格的反光伞装在泛光灯上就成为伞灯。伞灯的特点是发光面积大,光性柔和,反差弱。

2.柔光灯

在各种闪光灯灯头上加上柔光罩,就成为柔光灯。柔光灯所发出的光是由闪光灯发出的直射光与反光罩的反射光混合后,再经柔光罩透射扩散而成的。柔光灯的特点是能提供平均而充足的照明,发出的光柔和,但方向一般强于伞灯,反差清晰;投影深度也大于伞灯,富有良好的层次表现。

3.雾灯

雾灯是一种特殊的灯具。雾灯的灯头由特殊的闪光灯头做成,闪光管前有反射玻璃,其输出的光全部为由反光罩反射后的透射扩散光。雾灯特别适合商品(尤其是高光洁度物体)的拍摄。雾灯的特点是可提供非常平均而大面积的照明,光性柔和,对细部层次、色饱和度表现俱佳。

4.泛光灯

泛光灯是最常用的灯具,它由电子闪光灯装上反光罩构成。泛光灯所发的光为直射硬光,光的亮度高,方向性强,反差大,产生的投影浓重。此外,光域的中心部位光值高,边缘部分显著衰减。

5.聚光灯

聚光灯通常在光源后面装有镜面球形反光器,光源投射的光被反光器反射后经前部的聚光镜聚焦而发射出平行的光束。聚光灯的特点是发射平行或接近平行的光束,光衰很小,亮度高,方向性很强,光性特硬,反差甚高。

14.4.3 光度

光度是光的最基本因素,它是光源发光强度和光线在物体表面所呈现亮度的总称。光度与曝光直接相关,光度大,所需的曝光量小;光度小,所需的曝光量大。此外,光度的大小也间接地影响景深的大小和运动物体的清晰或模糊。大光度容易产生大景深和清晰影像的效果,小光度则容易产生小景深影像效果。

14.4.4 光位

光位是指光源的照射方向以及光源相对于被摄体的位置。摄影中光位决定着被摄体明暗所处的位置,同时也影响着被摄体的质感和形态。光位可以千变万化,但在被摄体与照相机位置相对固定的情况下,光位可分为顺光、前侧光、侧光、后侧光、逆光、顶光和脚光七种。

1. 顺光

顺光是指光源投射方向与摄影镜头光轴方向一致的光线。这种光位具有照明均匀、阴影面少、能隐没被摄对象表面的凹凸不平、影像明朗等特点,但其光线照射平均,不能充分地表现被摄对象的明暗层次和线条结构。因此顺光照射往往给人以平板的感觉,照片立体感和空间感不强,画面反差小,缺乏影调层次。

拍摄彩色照片时,顺光能不加修饰地表现被摄对象的本来面貌,色彩较朴实,饱和度和透明度也较好。顺光对于拍摄人像有一定的长处,尤其是拍摄老年人,顺光能掩饰脸部皱纹、斑疮,对人物起美化作用。在翻拍资料时,如果拍摄的资料画面不太平整,在顺光下能得到最佳效果。

2. 前侧光

前侧光是指光源投射方向与摄影镜头光轴方向成水平 45°角左右的光线。在这种光位下,被摄对象的大部分被照射,光比较适中,同时,被摄对象在前侧光照明下常常出现明显的投影,所以,采用这种光位拍摄的照片,其立体感、质感、空间透视感都很强,影调丰富,色彩鲜艳明快。

3. 侧光

侧光是指光源投射方向与摄影镜头光轴方向成水平 90°角左右的光线。它能清晰地勾画出被摄对象的线条,突出明、暗的强烈对比。侧光能很好地表现被摄对象的形状、立体感和质感。

4. 后侧光

后侧光又称侧逆光,是指光源投射方向与摄影镜头光轴方向成水平 135°角左右的光线。后侧光能使被摄对象的一侧产生轮廓线条,使被摄对象与背景分离,从而加强画面的立体感、空间感,其阴影明显,反差大,能充分表现被摄对象的纹理和质感。

5. 逆光

逆光又称背光,是指光源的投射方向与摄影镜头光轴方向相对并来自被摄对象后方的光线。逆光能使被摄对象产生生动的轮廓线条,使被摄对象轮廓形态以及区别景物与景物之间的界限的有效手段,它还可以强化空间感,有利于强调景物之间的数量、距离、规模、气势,增强层次感。

6. 顶光

当光源从被摄对象的顶部垂直向下进行照明,其照明角度与照相机镜头的主光轴成90°左右时,便形成了顶光照明。顶光会使人物脸部产生不协调的浓重阴影,拍人像时应注意。

7. 脚光

脚光是指光源来自被摄对象下方的光线,照明时被摄对象下明上暗,作为主光是丑化人物的光位。但有时可以用脚光作为补光,用以消除人物鼻子或下颌下浓重的阴影。自然光中没有脚光这种光位。

14.4.5　光质

光质是指光线聚、散、软、硬的性质。聚光光线具有明显的方向性,产生的阴影明晰而浓重。散光光线没有明显方向性,产生的阴影柔和而不明晰。硬光带有明显的方向性,它能使被摄物产生鲜明的明暗对比。硬光往往给人刚毅、富有生气的感觉,有助于质感的表现。软光则没有明显的方向性,软光善于揭示被摄对象的形状和色彩,但不善于表现质感,产生的阴影柔和而不明快,轮廓渐变、反差低,软光往往给人轻柔细腻之感。硬光又往往比软光的照明更富有生气。

一般而言,直射光光质硬,散射光光质软,电子闪光灯的直接闪光是一种硬光,反射闪光就是一种软光,镜面物体的反光光质硬,非镜面物体(如一般的反光板)的反光光质软,粗面物体的反光光质更软。

14.4.6　光型

光型是指所用光线的类型,从摄影用光的造型效果来看,光型大致可以分为主光、辅光、轮廓光、修饰光、背景光、模拟光和特殊光七类。

1. 主光

主光又称"塑形光",是指在摄影造型时起主导作用的光线,对被摄对象明暗反差、立体感、质感和透视感的表现起着十分重要的作用。拍摄时,一旦确定了主光,则画面的基础照明及基调就得以确定。需要注意的是,对一个被摄体来说,主光只能有一个,若同时将几个光源作主光,被摄体要么受光均匀,分不出什么是主光,画面显得平淡;要么几个主光同时在被摄体上产生阴影,画面显得杂乱无章。

2．辅光

辅光又称"补光",用以提高主光产生的阴影部位亮度,揭示阴影部分细节,使阴暗部位也呈现出一定的质感和层次,以取得明暗适度的反差,使被摄对象得到较为细致的全面呈现。在辅光的运用上,辅光的强度应小于主光的强度,否则就会造成喧宾夺主的效果,并且容易在被摄体上出现明显的辅光投影,即"夹光"现象。

3．轮廓光

轮廓光是用来勾画被摄体轮廓的光线,其位置通常在被摄对象的后方或侧后方,逆光、侧逆光通常被用作轮廓光,轮廓光赋予被摄体立体感和空间感。轮廓光的强度往往高于主光的强度。深暗的背景有助于轮廓光的突出。

4．修饰光

修饰光又称装饰光,主要用来对被摄体局部进行装饰或显示被摄体细部的层次。装饰光多为窄光,人像摄影中的眼神光、发光以及商品摄影中首饰品的耀斑等都是典型的装饰光。

5．背景光

背景光是照射背景的光线,它的主要作用是衬托被摄体、渲染环境和气氛。自然光和人造光都可用作背景光。背景光的用光一般宽而软,并且均匀。在背景光的运用上,特别要注意不要破坏整个画面的影调协调和主体造型。

6．模拟光

模拟光又称效果光,用以模拟某种现场光线效果而添加的主光、辅助光。

7．特殊光

特殊光是指一切并非用来照明的发光体所发出的光或自然界的某些发光现象。特殊光有利于使作品形象化,加强作品的表现力。

14.4.7　常见的拍摄构图形式

1．三角形构图

三角形构图通常是以三个视觉中心点为景物的主要位置,形成稳定的三角形。这种构图具有平稳、均衡的特点,并可较充分地利用画面空间。在摄影构图形式中有多种三角形构图形式,如等边三角形式、直角三角形式、正三角形式、倒三角形式和斜三角形式等。三角构图要注意使主次的关系一般形成不等边的三角形,显得既稳定又不呆板。

2. 圆形构图

圆形构图是把被摄对象安排在画面的中央,圆形的正中是视觉中心。圆形构图给人以团结一致的感觉,没有松散感,但这种构图形式活力不足,缺乏生气。

3. S形构图

S形构图是将被摄对象按照S的形态规律进行构图。S形构图具有优美和活力的特点,富有韵味,给人一种美的享受,能很好地表现画面的节奏,往往会使观众产生优雅、美好、协调的感觉,显得轻松活泼。S形构图最适于表现自身富有曲线美的景物,在自然风光摄影中,可选择弯曲的河流、庭院中的曲径、群山中的羊肠小道等;在夜间摄影中,可选择蜿蜒的路灯、车灯行驶轨迹构图。

4. 对角线构图

从被摄对象斜侧面方向进行拍摄,并造成对角线结构的趋势性构图效果。对角线可引导观众的视线而形成运动感,使画面增强活力,加强了画面的冲击力度,给人以强烈的动感,因此,对角线构图往往用于表现运动物体或活泼场面,不适宜表现静止物体的画面。

5. 框架式构图

框架式构图也称框式构图,这种构图把要表现的主要景物和需要突出的部分,用距离照相机镜头最近的树林花草、门窗洞穴、栏杆围网等围在中心使前景形成一个框,使观众透过框架来观赏被摄对象。运用框架式构图可以使被摄对象更加明确突出,远近形成虚实对比,可以烘托被摄对象,增加画面的纵深感,使画面意境更加深远。

6. 中心汇聚式构图

中心汇聚式构图就是画幅中的所有线条向中心汇聚而来,将观众的视线引导到汇聚的中心点。由于透视关系,画面中往往会出现汇聚线,特别是广阔画面与照相机成直行线条的景物,在画面中汇聚更为明显。线条汇聚交集的中心是最引人注目的位置,是照片的视觉中心,一般要将被摄对象安放在汇聚点的位置上。

14.4.8 影室布光的一般步骤与规律

影室灯光不像自然光,摄影师完全可以根据主观构思和表现需要,运用娴熟的布光技巧,去营造出奇妙的光影效果。但由于影室布光具有较大的主观随意性,它从一方面来说,可使摄影师将布光的效果发挥到极致;而从另一方面来说,却增加了布光的难度。为了提高布光的效果和速度,布光时一般要遵循以下步骤与规律。

1. 确定主光

主光是主导光源,它决定着画面的主调。在布光中,只有确定了主光,才能去添加辅助光、背景光和轮廓光等。在确定主光的过程中,要根据被摄体的造型特征、质感表现、明暗分配和主体与背景的分离等情况来系统考虑主光光源的光性、强度、涵盖面以及到被摄体的距离。对于大多数的拍摄题材，一般都选择光性较柔的灯，像反光伞、柔光灯和雾灯等作为主光。直射的泛光灯和聚光灯较少作为主光，除非画面需要由它们带来强烈反差的效果。

主光通常要高于被摄体，因为，使人感到最舒适、自然的照明通常是模拟自然光的光效。主光位置过低，会使被摄体形成反常态的底光照明；而主光位置过高又会形成顶光，使被摄体的侧面与顶面反差偏大。

2. 加置辅助光

主光的照射会使被摄体产生阴影，除非摄影画面需要强烈的反差，一般为了改善阴影面的层次与影调，在布光时均要加置辅助光。

辅助光一般多用柔光，它的光位通常在主光的相反一侧。加置辅助光时要注意控制好光比，恰当的光比通常在 1∶3～1∶6 之间，对浅淡的被摄体光比应小些，而对深重的物体光比则要大些。在加置辅助光时还应注意避免辅助光过于强烈，辅助光过强容易造成夹光，并产生多余而别扭的阴影。为了控制多余的阴影，布光时除了使辅助光强度弱于主光外，有时还经常采取适当降低光位或将辅助光尽量靠近机位的方法使投影投向被摄体后方。

项目15　使用HyperSnap捕捉屏幕图像

15.1　项目任务

使用 HyperSnap 捕捉 Windows XP 桌面、计算器窗口、Windows XP 资源管理器常见任务栏、凤凰网首页和 Windows XP 开始菜单文本。

15.2　技能目标

✓ HyperSnap 捕捉图像的操作方法。
✓ HyperSnap 捕捉设置。
✓ HyperSnap 捕捉整个屏幕。
✓ HyperSnap 捕捉窗口。
✓ HyperSnap 捕捉任意区域。
✓ HyperSnap 捕捉带有垂直滚动条的完整页面。
✓ HyperSnap 捕捉并识别菜单文字。

15.3　项目实践

15.3.1　HyperSnap 安装

从官方网站(http://www.hyperionics.com/)下载或从素材文件夹找到安装文件，双击安装程序，根据向导提示完成安装。若使用绿色版本，则直接双击 HprSnap6.exe 即可运行程序。

15.3.2　捕捉 Windows XP 桌面

启动 HyperSnap，选择【捕捉】|【捕捉设置】命令，弹出【捕捉设置】对话框。单击【快速保存】标签，切换到【快速保存】选项卡，选中【自动将每次捕捉的图像保存到文件】复选框，选

中【每次捕捉都提示输入文件名】复选框，如图 15-1 所示。单击【确定】按钮，关闭【捕捉设置】对话框。

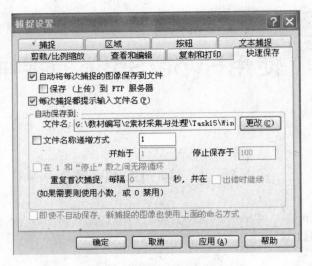

图 15-1　设置捕捉图像保存到文件

单击【显示桌面】按钮图标 🦋 或按 Ctrl＋D 组合键回到桌面，按 Shift＋Ctrl＋F 组合键启动全屏幕捕捉，捕捉结束后弹出【另存为】对话框，在【文件名】文本框中输入"Windows 桌面.jpg"；单击【保存类型】下拉列表框，从弹出的下拉列表项中选择 JPEG(＊jpg；＊.jpeg)，如图 15-2 所示。单击【保存】按钮，保存捕捉图像。

图 15-2　保存捕捉图像

15.3.3 捕捉计算器窗口

启动 HyperSnap,选择【捕捉】|【捕捉设置】命令,弹出【捕捉设置】对话框。单击【快速保存】标签,切换到【快速保存】选项卡,选中【自动将每次捕捉的图像保存到文件】和【每次捕捉都提示输入文件名】复选框,单击【确定】按钮,关闭【捕捉设置】对话框。

选择【开始】|【程序】|【附件】|【计算器】命令,弹出【计算器】窗口,如图 15-3 所示。

按 Shift+Ctrl+W 组合键,启动窗口捕捉,单击【计算器】标题栏,确定捕捉整个计算器窗口。捕捉结束后弹出【另存为】对话框,在【文件名】文本框中输入"计算器";单击【保存类型】下拉列表框,从弹出的下拉列表项中选择 JPEG(*.jpg;*.jpeg);单击【保存】按钮保存捕捉图像。

图 15-3 打开计算器

15.3.4 Windows XP 桌面图标栏

启动 HyperSnap,选择【捕捉】|【捕捉设置】命令,弹出【捕捉设置】对话框。单击【快速保存】标签,切换到【快速保存】选项卡,取消选中【自动将每次捕捉的图像保存到文件】复选框,如图 15-4 所示。

单击【复制和打印】标签,切换到【复制和打印】选项卡,选中【复制每次捕捉到剪贴板】复选框,如图 15-5 所示,单击【确定】按钮,关闭【捕捉设置】对话框。

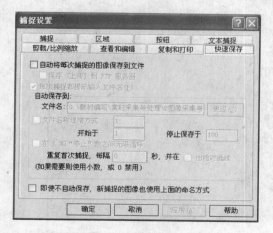

图 15-4 HyperSnap【快速保存】设置

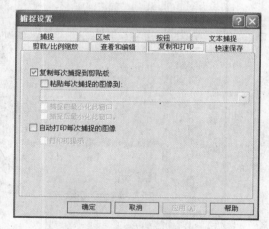

图 15-5 设置复制捕捉图像到剪贴板

双击【我的电脑】按钮图标 ,弹出【我的电脑】窗口。按 Shift+Ctrl+R 组合键,进入区域捕捉模式,在【我的电脑】窗口左侧任务栏上,在矩形捕捉区域的左上角单击;释放鼠标,移动鼠标到矩形捕捉区域的右下角,会形成一个包围常见任务栏的矩形区域,单击完成捕捉,如图 15-6 所示。

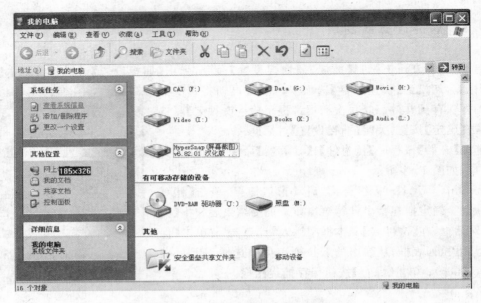

图 15-6　在任务栏绘制矩形捕捉区域

捕捉结束后,在【HyperSnap 6】窗口的编辑区显示捕捉到的屏幕图像,如图 15-7 所示。

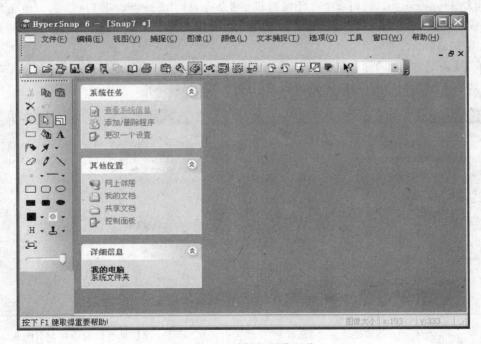

图 15-7　区域捕捉图像预览

　　选择【文件】|【另存为】命令,弹出【另存为】对话框,在【文件名】文本框中输入"常见任务栏";单击【保存类型】下拉列表框,从弹出的下拉列表项中选择 JPEG(＊.jpg；＊.jpeg);单击【保存】按钮,保存捕捉的图像。

15.3.5　捕捉凤凰网首页

启动 HyperSnap,选择【捕捉】|【捕捉设置】命令,弹出【捕捉设置】对话框。单击【快速保存】标签,切换到【快速保存】选项卡,取消选中【自动将每次捕捉的图像保存到文件】复选框;单击【复制和打印】标签,切换到【复制和打印】选项卡,选中【复制每次捕捉到剪贴板】复选框;单击【确定】按钮,关闭【捕捉设置】对话框。

启动 IE 浏览器,在地址栏中输入 http://www.ifeng.com,按 Enter 键访问凤凰网,待页面完全载入后,按 Shift＋Ctrl＋S组合键,进入整页滚动捕捉状态,在浏览器窗口区域单击,整页滚动捕捉开始,待网页滚动到底部时,捕捉自动结束,返回到【HyperSnap 6】窗口,在编辑区显示了捕捉到的屏幕图像,如图 15-8 所示。

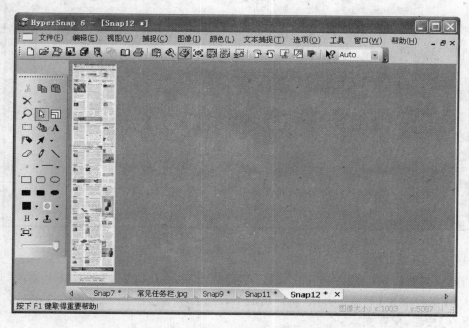

图 15-8　整页滚动捕捉图像预览

选择【文件】|【另存为】命令,弹出【另存为】对话框,将文件保存为"凤凰网首页.jpg";单击【保存类型】下拉列表框,从弹出的下拉列表项中选择 JPEG(＊.jpg;＊.jpeg);单击【保存】按钮,保存捕捉的图像。

15.3.6　Windows XP"开始"菜单文本

启动 HyperSnap,选择【捕捉】|【捕捉设置】命令,弹出【捕捉设置】对话框。单击【快速保存】标签,切换到【快速保存】选项卡,取消选中【自动将每次捕捉的图像保存到文件】复选框。单击【复制和打印】标签,切换到【复制和打印】选项卡,选择【复制每次捕捉到剪贴板】复选框;单击【确定】按钮,关闭【捕捉设置】对话框。

单击 按钮图标,弹出"开始"菜单,将鼠标移动到"开始"菜单的任意菜单项,按 Shift+Ctrl+U 组合键,进入光标处目标的文本捕捉模式。在"开始"菜单的任意菜单项上单击,设定捕捉对象。捕捉结束后,回到【HyperSnap 6】窗口,在编辑区显示了捕捉到的文本内容,如图 15-9 所示。

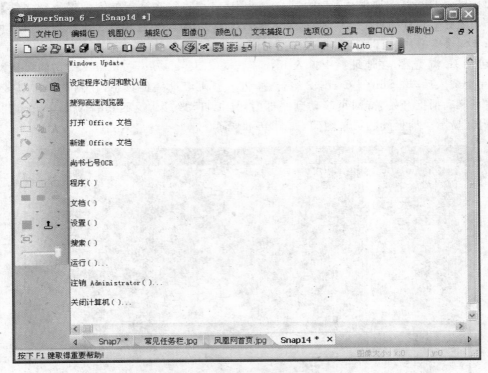

图 15-9 文本捕捉识别结果预览

选择【文件】|【另存为】命令,弹出【另存为】对话框,在【文件名】文本框中输入"开始菜单";单击【保存类型】下拉列表框,从弹出的下拉列表项中选择"格式化文本文件(* . rft)";单击【保存】按钮,保存文本。

15.4 知 识 目 标

15.4.1 HyperSnap 简介

HyperSnap 是一款非常出色的专业级屏幕抓图工具,它不仅能抓取标准桌面程序,还能够抓取文字、游戏、视频及扫描仪和数码照相机中抓图等,同时 HyperSnap 还能以 20 多种图形格式保存并显示图片,包括 BMP、GIF、JPEG、TIFF、PCX 等图像格式。可以说 HyperSnap 是一款集一流的屏幕捕捉应用程序和先进的图像编辑实用工具于一体且易于使用的强大抓图工具。

15.4.2　HyperSnap 捕捉类型

HyperSnap捕捉可分为图像捕捉和文本捕捉两大类多种捕捉模式,如表15-1和图15-10所示。

表 15-1　HyperSnap 捕捉类型

捕 捉 类 型	快 捷 键	用　　　途
全屏幕	Ctrl＋Shift＋F	捕捉整个屏幕
虚拟桌面	Ctrl＋Shift＋V	捕捉整个多监视器画面
窗口或控件	Ctrl＋Shift＋W	捕捉特定的程序窗口或控件
整页滚动	Ctrl＋Shift＋S	捕捉带有垂直滚动条的完整页面
按钮	Ctrl＋Shift＋B	捕捉单个按钮
活动窗口	Ctrl＋Shift＋A	捕捉当前激活的窗口
不带边框的活动窗口	Ctrl＋Shift＋C	捕捉当前激活的窗口,不捕捉边框
区域	Ctrl＋Shift＋R	捕捉用户定义的区域,默认为矩形区域
滚动区域		捕捉带有垂直滚动条的页面的特定区域
徒手捕捉	Ctrl＋Shift＋H	捕捉屏幕中的不规则形状
移动上次区域	Ctrl＋Shift＋P	捕捉同上次等大的区域,区域可以移动
多区域捕捉	Ctrl＋Shift＋M	连续捕捉多个窗口
仅捕捉鼠标指针		仅捕捉鼠标
重复上次捕捉	Ctrl＋Shift＋F11	重复上次捕捉
扩展活动窗口	Ctrl＋Shift＋X	重新设定活动窗口后再捕捉活动窗口
文本	Ctrl＋Shift＋T	捕捉并识别用户设定捕捉区域的文字
光标处目标的文本	Ctrl＋Shift＋U	捕捉当前光标位置对象上包含的文字,如菜单
自动滚动窗口中的文本		捕捉并识别带有垂直滚动条的页面内文字
自动滚动区域中的文本		捕捉并识别带有垂直滚动条的页面区域内文字

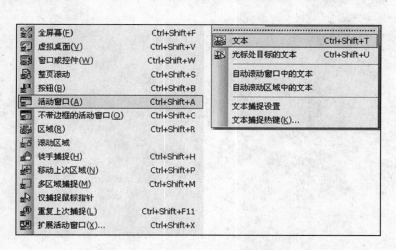

图 15-10　HyperSnap 捕捉类型菜单

15.4.3 HyperSnap 输出方式

HyperSnap 输出方式有【复制每次捕捉到剪贴板】、【复制每次捕捉到剪贴板并粘贴到用户指定窗口程序】、【自动将每次捕捉的图像保存到文件】、【自动将每次捕捉的图像保存到文件并上传到 FTP 服务器】和【自动打印每次捕捉的图像】。

15.4.4 HyperSnap 图像编辑

HyperSnap 内嵌了比较强大的图像处理功能,可以对捕获的图像进行多种颜色的处理修正,还可以进行镜像、旋转、放大缩小、添加文字、锐化、阴影、马赛克等处理。它的图像编辑处理主要通过图像处理菜单、颜色处理菜单、绘图面板来完成。

HyperSnap 提供的图像编辑功能有:裁剪(Ctrl+R)、剪除区域、改变分辨率、比例缩放、自动修剪(Ctrl+T)、水印、镜像、旋转、修剪、马赛克、浮雕、锐化或模糊、阴影、边框。

HyperSnap 提供的图像色彩调整功能有:颜色分辨率、黑白、灰度、颜色修正、黑白反转、反转颜色、置换颜色、唯一颜色。

HyperSnap 提供的图像制作工具有:选择区域▭、填充▧、添加文字▣、喷枪▨、箭头▨、徒手擦除▨、徒手绘画▨、线段▨、擦除器宽度▨、工具宽度▨、基本形绘制▨、颜色选择▨、水印▨、演示模式▣和混合选区▨工具。

项目16　制作印前原稿

16.1　项目任务

　　使用 Adobe Photoshop CS4 对"蜀葵.jpg"图像进行旋转校正、裁切黑边,调整其宽度为15 厘米,分辨率为 300 像素/英寸,纠正偏色,增强清晰度,使之达到印刷原稿处理要求,如图 16-1 所示,将处理结果保存为"蜀葵.tif"文件。

图 16-1　图稿处理前后对比

16.2　技能目标

- ✓ 图像倾斜的校正。
- ✓ 图像裁剪。
- ✓ 转换图像色彩模式。
- ✓ 使用色阶调整偏色。
- ✓ 调整图像大小。
- ✓ 去除污点。
- ✓ USM 锐化图像来提高清晰度。
- ✓ 保存图像为 TIFF 格式。

16.3 项目实践

16.3.1 原稿倾斜校正与裁剪

启动 Photoshop,选择【文件】|【打开】命令,弹出【打开】对话框,选择"蜀葵.jpg",单击【打开】按钮。选择【视图】|【标尺】命令或按 Ctrl+R 组合键,打开标尺,从标尺上拖动参考线到图像部分的上端部分(非黑色区域),该参考线用作图像倾斜校正的参考线。选择【选择】|【全部】命令或按 Ctrl+A 组合键,全选图像。选择【编辑】|【自由变换】命令或按 Ctrl+T 组合键,拖动变换框顶点的旋转锚点,使图像部分的上边缘与参考线平行,在变换区域内双击或按 Enter 键应用变换。选择【选择】|【取消选择】命令或按 Ctrl+D 组合键取消选区。选择【视图】|【标尺】命令或按 Ctrl+R 组合键隐藏标尺。图像旋转校正效果如图 16-2 所示。

图 16-2 图像旋转校正

从工具栏中选择【裁剪】工具 ，从图像左上角开始拖动绘制裁剪区域,要求区域大小刚好将黑边排除在外,在裁剪区域内双击或按 Enter 键应用裁剪,如图 16-3 所示。

图 16-3　裁剪图像黑边

16.3.2　调整 RGB 图像颜色

选择【图像】|【调整】|【色阶】命令或按 Ctrl＋L 组合键,弹出【色阶】对话框,在调整阴影【输入色阶】文本框中输入 12,如图 16-4 所示,单击【确定】按钮,关闭【色阶】对话框。

16.3.3　转换为 CMYK 模式

选择【图像】|【模式】|【CMYK 颜色】命令,将图像转换为 CMYK 模式,如图 16-5 所示。

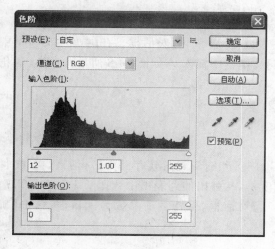

图 16-4　加深暗调

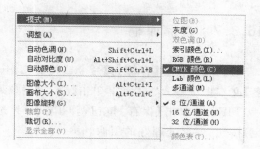

图 16-5　RGB 模式到 CMYK 模式

16.3.4 调整 CMYK 图像颜色

选择【图像】|【调整】|【可选颜色】命令,弹出【可选颜色】对话框。单击【颜色】下拉列表框,从弹出的列表项中选择"黄色",在【青色】文本框中输入+20,在【洋红】文本框中输入－20,在【黄色】文本框中输入为－50,如图 16-6 所示。

16.3.5 调整分辨率和尺寸

选择【图像】|【图像大小】命令或按 Ctrl+Alt+I 组合键,弹出【图像大小】对话框。选中【重定图像像素】和【约束比例】复选框;在【文档大小】选项区中,【宽度】文本框中输入 15,【分辨率】文本框中输入 300,如图 16-7 所示。单击【确定】按钮,关闭【图像大小】对话框。

图 16-6 调整色彩平衡

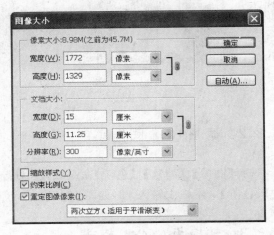

图 16-7 调整图像大小和分辨率

16.3.6 提高清晰度

选择【滤镜】|【锐化】|【USM 锐化】命令,弹出【USM 锐化】对话框。在【数量】文本框中输入 50,在【半径】文本框中输入 1.0,在【阈值】文本框中输入 0,如图 16-8 所示。USM 锐化功能使图像轮廓更加清晰。

16.3.7 存储原稿

选择【文件】|【存储为】命令或按 Shift+Ctrl+S 组合键,弹出【存储为】对话框,在【文件名】文本框中输入"蜀葵";单击【格式】下拉列表框,从弹出的列表项中选择 TIFF(＊.TIF;＊.TIFF);单击【保存】按钮,弹出【TIFF 选项】对话框,保持各项参数为默认值,单击【确定】按钮,保存处理好的图像。

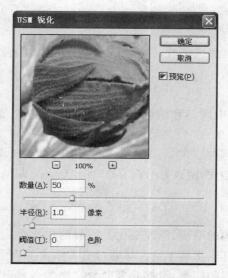

图 16-8　USM 锐化功能使图像变清晰

16.4　知　识　目　标

16.4.1　图像质量评价术语

不同用途的图像对质量要求不同,一般从图像格式、色彩模式、位深度、分辨率、阶调、图像层次、颜色和画质几个方面评价图像质量。

1. 图像格式

印刷用图像格式有 TIF、EPS 和 PDF 格式。TIF 格式图像在 MAC 和 PC 上均可使用。图像扫描和排版用图像素材多用 TIF 格式保存,高质量的光盘图库也采用 TIF 格式存储。EPS 和 PDF 用于矢量图和位图的混合存储。

2. 色彩模式

色彩模式是指存储图像所采用的颜色模型。色彩模式有 RGB、CMYK、Lab、灰度、位图、索引颜色、多通道和双色调。印刷图像用 CMYK 模式,由青(Cyan)、洋红(Magenta)、黄(Yellow)和黑(Black)4 个反映油墨用量的通道复合而成,按色料混色原理在印刷介质上形成彩色图像。视觉图像用 RGB 模式,由红(Red)、绿(Green)和蓝(Blue)3 个颜色通道复合而成,按色光加色法原理形成彩色图像。视觉应用也可以用索引模式。

3. 位深度

位深度是指记录像素的颜色位数,每个像素使用的信息位数越多,可表达的颜色就越多,颜色表现就更逼真,目前有 8 位/通道、16 位/通道、32 位/通道 3 种。位深度越大,图像颜色越丰富,存储该图像文件越大。

4．分辨率

分辨率是指单位长度内的像素数，一般用 dpi 表示，印刷图像分辨率至少是 300dpi。

5．阶调

阶调一般分成高光调、中间调和暗调。高光调是指图像中最亮或较亮的部分，颜色较浅，对应印刷品上的网点在 0～25％之间；暗调是指图像中最暗或较暗颜色的部分，一般颜色很深，对应印刷品上的网点在 75％～100％之间；中间调是指除图像的高光、暗调部分以外的其他地方，对应印刷品上的网点百分比在 25％～75％之间的部分。

6．图像层次

图像层次是指一幅图像的明暗、深浅变化。原稿的层次是指复制密度范围内视觉可识别的明度级别，级数越多，其层次越丰富。可通过直方图来评价图像层次。直方图直观呈现了图像中各灰度级像素出现的频率，可据此判断数字图像各部分层次段的分布状况。正常原稿中，整个画面应不偏亮也不偏暗，高、中、低 3 调均有，色彩感觉自然顺畅，密度变化级数少，层次丰富。若灰度直方图没有大起大落的波峰和波谷，则整幅图像的层次分布较均匀、丰富。若出现大面积的波谷，则图像中对应波谷的灰度级的层次较少，会出现不连续的效果。若出现大面积的波峰，则图像以对应波峰的灰度级的层次为主。利用灰度直方图还可判断一幅数字图像的层次范围是否合理。

印刷作业中常用描述层次术语如下：①闷。闷是指整个反转片密度过高，没有高光点，暗调和中间调接近而缺乏层次，该黑的不够黑，该白的白不起来，暗调密度不足，亮调密度偏大。②平。平是指反转片最暗处密度不高，高光调和暗调的密度相差不大，反差小。③崭。崭是指反转片最暗处密度高，反差大，中、暗调层次损失过多，亮调密度过小，白成一片。④亮。亮是指整个画面发白，各阶调密度均偏低。⑤暗。暗是指整个画面发黑，各阶调密度均偏高。⑥焦。焦是指暗调密度过大，黑成一团。

几种典型的图像层次的描述如图 16-9 所示。

7．颜色

颜色评价主要是偏色。图像呈现的光色受显示设备和环境光源影响较大，当设备校准后所显示的颜色更接近印刷输出的颜色。大多数人以记忆色印象来判断图像是否偏色。

8．画质

画质主要从清晰度和清洁度两方面评价。清晰度主要看图像线条边缘轮廓是否清晰和图像的明暗层次间细部的明暗对比或细微反差是否大。清洁度则指画面中没有过多的干扰。

16.4.2　色阶

可以使用【色阶】命令调整图像的阴影、中间调和高光的强度级别，从而校正图像的色调

图 16-9　几种典型的图像层次的描述

范围和色彩平衡。色阶直方图用作调整图像基本色调的直观参考。如图 16-10 所示，直方图下边的 A 点是阴影，B 点是中间调，C 点是高光。

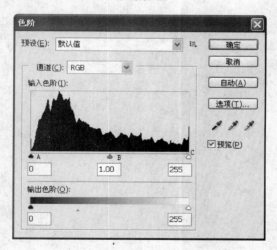

图 16-10　【色阶】对话框

16.4.3　直方图

直方图用图形表示图像的每个亮度级别的像素数量，展示像素在图像中的分布情况。直方图在左侧部分显示阴影中的细节，在中部显示中间调以及在右侧部分显示高光。直方图可以帮助确定某个图像是否有足够的细节来进行良好的校正。

直方图还提供了图像色调范围或图像基本色调类型的快速浏览图。低色调图像的细节集中在阴影处,高色调图像的细节集中在高光处,而平均色调图像的细节集中在中间调处。全色调范围的图像在所有区域中都有大量的像素。识别色调范围有助于确定相应的色调校正。如图 16-11 所示,左边为曝光过度的照片,中间是全色调正确曝光的照片,右边为曝光不足的照片。

图 16-11　图像层次与直方图对照

项目17　修复模糊的数码照片

17.1　项　目　任　务

使用 Adobe Photoshop CS4 的"高反差保留"滤镜修复模糊的数码照片,参照图 17-1 右边的效果图,将修复后的图像保存为"baby.jpg"文件。

图 17-1　模糊图像修复前后对比

17.2　技　能　目　标

使用"高反差保留"滤镜修复模糊图像。

17.3　项　目　实　践

17.3.1　打开模糊照片

启动 Photoshop CS4,选择【文件】|【打开】命令或按 Ctrl＋O 组合键,弹出【打开】对话框,在对话框中选择要修复模糊的照片"baby.jpg",单击【打开】按钮,如图 17-2 所示。

选择【图层】|【新建】|【通过复制的图层】命令或按 Ctrl＋J 组合键,将【背景】图层复制为"图层 1"。选择【图像】|【调整】|【去色】命令或按 Shift＋Ctrl＋U 组合键,去除"图层 1"的彩色信息,"图层 1"变成了灰度图层。按 Ctrl＋J 组合键,将"图层 1"复制为"图层 1 副本",如图 17-3 所示。

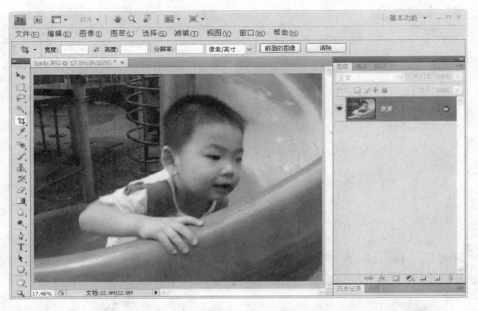

图 17-2　打开待修复的模糊照片

图 17-3　制作高反差保留层

17.3.2　制作高反差保留效果

选择"图层 1 副本",选择【滤镜】|【其他】|【高反差保留】命令,弹出【高反差保留】对话框,在【半径】文本框中输入 10,如图 17-4 所示。单击【确定】按钮,关闭【高反差保留】对话框。设置"图层 1 副本"的混合模式为"叠加"。

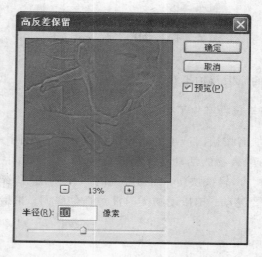

图 17-4 高反差保留设置

选择"图层 1",选择【滤镜】|【其他】|【高反差保留】命令,弹出【高反差保留】对话框,在【半径】文本框中输入 5。设置"图层 1"的混合模式为"叠加",如图 17-5 所示。

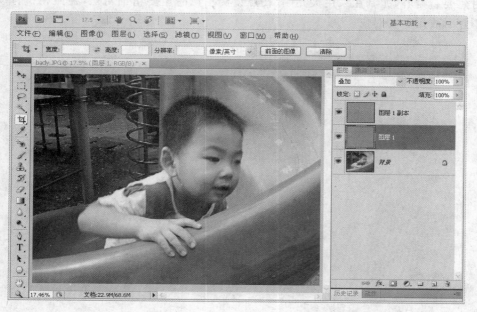

图 17-5 制作"图层 1"的高反差保留效果

17.3.3 存储修复好的照片

选择【文件】|【存储为】命令或按 Shift+Ctrl+S 组合键,弹出【存储为】对话框,在【文件名】文本框中输入 baby(OK)。单击【格式】下拉列表框,从弹出的下拉列表项中选择 JPEG（＊.JPG；＊.JPEG；＊.JPE）。单击【保存】按钮,弹出【JPEG 选项】对话框,保持默认值,单击【确定】按钮,保存修复好的图像。

17.4　知　识　目　标

下面介绍照片模糊的原因及拍摄对策。

1．曝光期间照相机与景物产生了相对移位

导致移位的原因可能有按快门产生的照相机余震、曝光期间手的颤动、三脚架受风吹抖动、地面震动、景物的摇摆、人物的活动等。有效避免的方法有：手持照相机拍摄时尽可能保持身体稳定；拿稳照相机，轻按快门；缩短曝光时间；采用三脚架或独脚架拍摄；拍摄人像时要求被拍摄对象不要晃动；拍摄动物类时注意抓住瞬间；拍摄风景类特写时要选择无风或微风天气拍摄。

2．对焦不实

无论自动对焦照相机还是手动对焦照相机，当焦点尚未会聚在拍摄主体上时曝光，所得到的主体影像便会模糊，但是对焦不实的照片尚有主体以外的清晰处。解决对焦不实的办法是对焦要有耐心，尤其在采用大光圈、长焦镜头拍摄时更要精细对焦，在照相机自动对焦效果不好时改用手动对焦。

项目18 去除数码照片中的红眼

18.1 项目任务

使用 Adobe Photoshop CS4 的【红眼】工具去除照片中的红眼，参照图 18-1 右边的效果图，将文件保存为"redeye(OK).jpg"格式。

图 18-1　红眼照片修复前后对比

18.2 技能目标

使用 Photoshop【红眼】工具修复红眼照片。

18.3 项目实践

18.3.1 打开红眼图像

启动 Adobe Photoshop CS4，选择【文件】|【打开】命令或按 Ctrl＋O 组合键，弹出【打开】对话框，选择红眼照片 redeye.jpg，单击【打开】按钮，如图 18-2 所示。

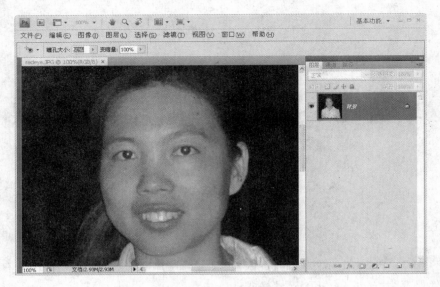

图 18-2　打开红眼照片

18.3.2　使用红眼工具去除红眼

在工具栏中选择【缩放】工具 🔍，在人物眼睛处单击来放大图像。在工具栏上按住【污点修复画笔】工具按钮图标 🖌 不放，从弹出的工具项中选择【红眼】工具 👁，鼠标变成十字形状，在眼睛的红眼中心上单击，瞳孔中的红色部分变成了黑色，如图 18-3 所示。

按照上述方法，对另一只红眼进行修复。

双眼去除红眼后的效果如图 18-4 所示。

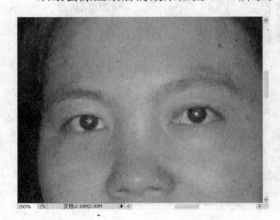

图 18-3　放大单眼后去除红眼

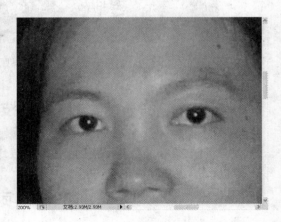

图 18-4　修复红眼后的照片

18.3.3　存储修复好的照片

选择【文件】|【存储为】命令或按 Shift＋Ctrl＋S 组合键，弹出【存储为】对话框，在【文件

名】文本框中输入"redeye(OK)"。单击【格式】下拉列表框,从弹出的下拉列表项中选择
JPEG（＊.JPG；＊.JPEG；＊.JPE）。单击【保存】按钮完成图像保存。

　　【红眼】工具可移去用闪光灯拍摄的人像或动物照片中的红眼,也可以移去用闪光灯拍
摄的动物照片中的白色或绿色反光。如果对结果不满意,可以调整瞳孔大小来增大或减小
受【红眼】工具影响的区域,调整变暗量来设置校正的暗度。

18.4　知 识 目 标

18.4.1　红眼产生的原因

　　在光线较暗的环境中人眼瞳孔会放大以便让更多的光线通过。如果拍摄时打开了闪光
灯,眼睛视网膜反射闪光,眼底视网膜上毛细血管就会被拍摄下来,在照片上的反映就是人
眼发红,即红眼现象。

18.4.2　红眼的预防

　　消除红眼实际上是通过减少瞳孔放大的程度,使得照射到视网膜上的光线减少来实现
的。现在常用的消除红眼的方法有两种:一种是在和镜头方向一致的方向上发射出明亮的
光线,或让被摄者处在有光源的位置上以便使环境光线的能够照射到,瞳孔不会太大,减少
进光量;另一种是先启动闪光灯然后再曝光。数码照相机的"消除红眼"模式是先让闪光灯
快速闪烁一次或数次,使人的瞳孔适应之后,再进行主要的闪光与拍摄。也可以采用角度可
调整的高级闪光灯,在拍摄的时候闪光灯不要平行于镜头方向,而应该同镜头成30°角。闪
光可产生环境光源,也能够有效避免强烈光线直射瞳孔。

项目19 黑白照片上色

19.1 项目任务

使用 Adobe Photoshop CS4 调整图层的色相/饱和度,给黑白照片上色,参照图 19-1 右边的效果图,要求背景透明,将上色后的图像保存为"黑白图像上色. png"文件。

图 19-1 黑白照片上色前后效果对比

19.2 技能目标

✓ 使用【魔棒】工具制作选区。
✓ 使用【钢笔】工具建立选区。
✓ 选区相加操作。
✓ 存储选区。
✓ 调整图层。

19.3 项 目 实 践

19.3.1 去除着色图像背景

启动 Adobe Photoshop CS4,选择【文件】|【打开】命令或按 Ctrl＋O 组合键,弹出【打开】对话框,选择"黑白图像上色.psd",单击【打开】按钮打开图像文件,如图 19-2 所示。

图 19-2 打开待着色黑白图像

双击"背景"图层,将其转换为普通图层。从工具栏中选择【魔棒】工具 ,在工具选项栏中,在【容差】文本框中输入 3;单击图像中白色背景来选择整个背景,然后按 Del 键删除白色背景;按 Ctrl＋D 组合键取消选区,结果如图 19-3 所示。

19.3.2 彩带上色

在工具栏中选择【魔棒】工具 ,在工具选项栏中,在【容差】文本框中输入 8;在图像中的叶子上面单击,按住 Shift 键继续单击,添加选区,将所有叶片都加入到选区中,切换到椭圆选框工具,按住 Shift 键选择整个果实部分,将其添加到大选区中,如图 19-4 所示。

选择【选择】|【存储选区】命令,弹出【存储选区】对话框,在【目标】选项区中,在【名称】文本框中输入"叶子",如图 19-5 所示,单击【确定】按钮,关闭【存储选区】对话框。

选择【选择】|【反向】命令或按 Shift＋Ctrl＋I 组合键反选叶子外围的部分。在【图层】

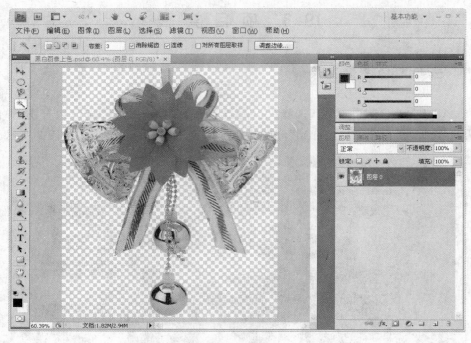

图 19-3　图像背景去除

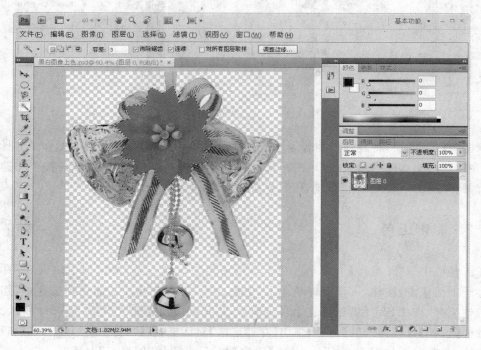

图 19-4　制作叶子选区

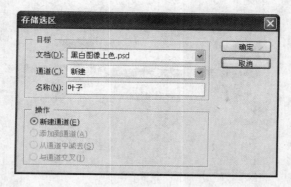

图 19-5 存储选区

面板中单击【创建新的填充或调整图层】按钮图标 ，在弹出的菜单项中选择【色相/饱和度】命令，打开【调整】面板，选中【着色】复选框，在【色相】文本框中输入 47，在【饱和度】文本框中输入 78，在【明度】文本框中输入－2，如图 19-6 所示。

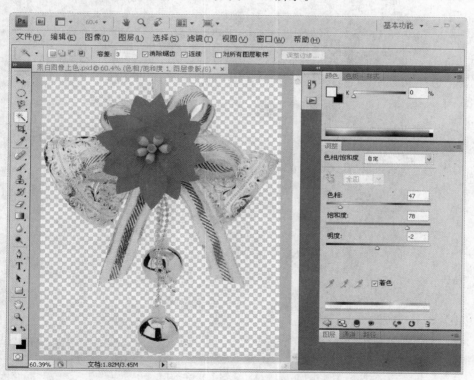

图 19-6 调整叶子外围的颜色

19.3.3 叶子着色

选择【选择】|【载入选区】命令，弹出【载入选区】对话框，在【源】选项区中单击【通道】下拉列表框，在弹出的列表项中选择"叶子"，如图 19-7 所示。单击【确定】按钮，关闭【载入选区】对话框。

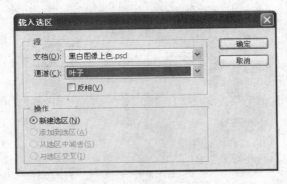

图 19-7　载入叶子选区

在【图层】面板中单击【创建新的填充或调整图层】按钮图标 ，在弹出的菜单项中选择【色相/饱和度】命令，打开【调整】面板，选中【着色】复选框，在【色相】文本框中输入 128，在【饱和度】文本框中输入 58，在【明度】文本框中输入 0，如图 19-8 所示。

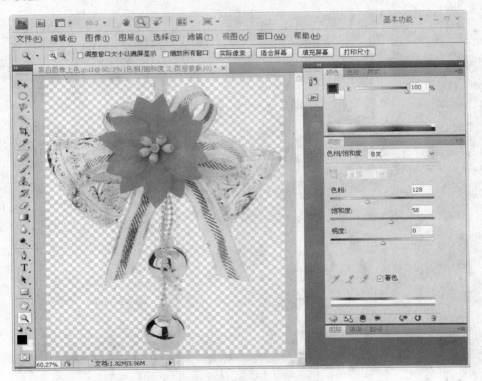

图 19-8　调整叶片的颜色

19.3.4　果实着色

选择【钢笔】工具 ，沿果实边缘绘制路径，如图 19-9 所示。

按 Ctrl＋Enter 组合键，将路径作为选区载入，在【图层】面板中单击【创建新的填充或调整图层】按钮图标 ，在弹出的菜单项中选择【色相/饱和度】命令，在打开的对话框中

图 19-9　绘制果实的路径

选中【着色】复选框，在【色相】文本框中输入 0，在【饱和度】文本框中输入 71，在【明度】文本框中输入－4，如图 19-10 所示。

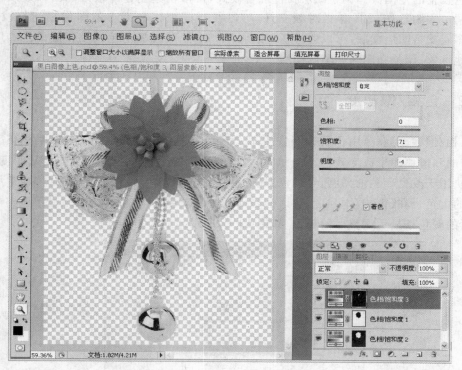

图 19-10　调整果实的颜色

19.3.5　存储彩色照片

选择【文件】|【存储为】命令或按 Shift＋Ctrl＋S 组合键，弹出【存储为】对话框，在【文件

名】文本框中输入"黑白图像上色",单击【格式】下拉列表框,从弹出的列表项中选择 PNG(＊.PNG)。单击【保存】按钮,弹出【PNG 选项】对话框,在【交错】选项区中,选中【无】单选按钮,如图 19-11 所示,单击【确定】按钮,保存上色后的图像。

图 19-11 【PNG 选项】对话框

19.4 知 识 目 标

19.4.1 调整图层

调整图层是 Photoshop 提供的一类能够不破坏图像的像素便可以改变像素色调的特殊图层,只要没有合并图层,用户随时可以用它进行色调和颜色调整,而且不会影响下方图层的原始数据。调整图层具有以下优点:①调整图层使用户在不改变或影响源图像数据的同时,进行色调校正。②调整图层支持不透明度调整。降低调整图层的不透明度,可以减少色调或颜色校正的范围。③调整图层支持混合模式,可以快速创建出极好的图像效果或改善图像色调。④调整图层具有相对独立性,可以在不同规格和大小的图像之间拖放使用。⑤调整图层支持图层蒙版,可以通过任何绘画工具来隐藏或显示色调校正效果。⑥用户可以灵活地重置、调整和删除调整的图层。

19.4.2 色相/饱和度

【色相/饱和度】命令用于调整图像中单个通道或整体颜色的色相、饱和度和亮度,【色相】文本框和滑块用于改变颜色,【饱和度】文本框和滑块用于改变颜色的纯度,【明度】文本框和滑块用于改变颜色的亮度。【着色】复选框用于将颜色转换为双色调图像,经常用于黑白图像的上色。在【色相/饱和度】对话框底部有两个颜色条,上面的颜色条显示调整前的颜色,下面的颜色条显示调整后的颜色,如图 19-12 所示。

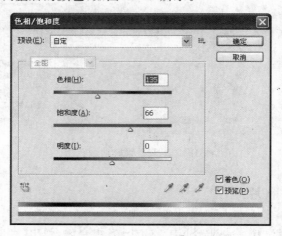

图 19-12 【色相/饱和度】对话框

19.4.3　黑白图像上色方法

　　较常用的黑白图像上色方法有三种：①直接绘涂法。选择画笔工具，设置合适的大小，在图像各个部位选择想填涂的颜色直接绘涂。采用此法时建议新建图层而不是直接覆盖原图层。②调整图层法。先选取要上色的区域，然后通过调整图层的"色相/饱和度"进行颜色设定。要创建具有平滑过渡的颜色填充，可以对选区做适当的羽化。③通道调整法。图像的颜色是由通道复合而成，调整相应的通道可以获得特定的颜色。当用于局部调节时，可以先建立选区再进行通道调整。

项目20　制作题词背景

20.1　项 目 任 务

使用 Adobe Photoshop CS4 制作题词效果,要求精确提取素材图的字体笔迹,将字体颜色改为金色,背景颜色改为红色,参照图 20-1 所示,将处理结果保存为"题词.psd"文件。

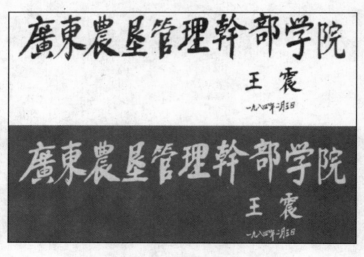

图 20-1　制作题词效果

20.2　技 能 目 标

✓ 使用通道制作选区。
✓ 使用色阶辅助制作。
✓ 使用"色相/饱和度"功能给题词上色。
✓ 使用指定颜色填充背景图层。

20.3 项目实践

20.3.1 去除题词背景

选择【文件】|【打开】命令或按 Ctrl＋O 组合键,弹出【打开】对话框,选择"题词.jpg",单击【打开】按钮。按 Ctrl＋O 组合键调整图像大小使其适合窗口,如图 20-2 所示。

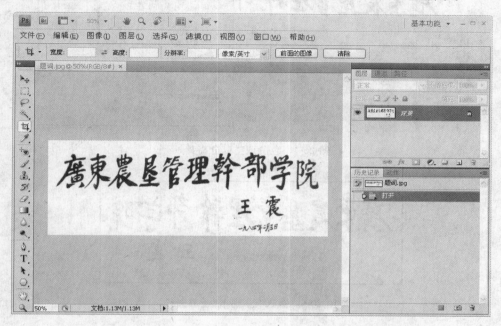

图 20-2 打开题字文件

单击【通道】标签,切换到【通道】选项卡,拖动"红"通道到【新建通道】按钮图标 □ 上,创建"红 副本"通道,用于制作文字选区,选择"红 副本"通道为当前操作通道,如图 20-3 所示。

选择【图像】|【调整】|【色阶】命令或按 Ctrl＋L 组合键,弹出【色阶】对话框,拖动色阶滑块进行调整,如图 20-4 所示。注意要尽可能多地保留笔迹细节。单击【确定】按钮,关闭【色阶】对话框。

选择【图像】|【调整】|【反相】命令或按 Ctrl＋I 组合键,将"红 副本"通道反相。按住 Ctrl 键,单击"红 副本"通道,将通道以选区方式载入,如图 20-5 所示。在【通道】面板中,

图 20-3 复制通道

单击"RGB"通道以激活复合通道,单击【图层】标签,切换到【图层】选项卡。

选择【图层】|【新建】|【通过复制的图层】命令或按 Ctrl＋J 组合键,将"背景"图层选区内的内容复制到新图层"图层 1"中,如图 20-6 所示。

图 20-4　色阶调整以分离背景

图 20-5　载入"红 副本"通道选区

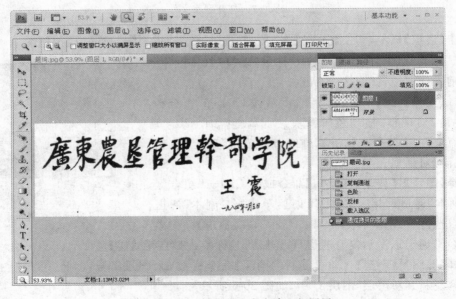

图 20-6　通过复制选区内容建立新图层

20.3.2　制作红色背景和金色文字

在【图层】面板中选择"背景"图层,设置"前景色"为"♯AB0D0D",按 Alt＋Del 组合键用前景色填充背景图层。选择【图像】|【调整】|【色相/饱和度】命令或按 Ctrl＋U 组合键,弹出【色相/饱和度】对话框,选中【着色】复选框,在【色相】文本框中输入 57,在【饱和度】文本框中输入 100,在【明度】文本框中输入 22,单击【确定】按钮,关闭【色相/饱和度】对话框,完成红色背景和金色文字制作的效果,如图 20-7 所示。

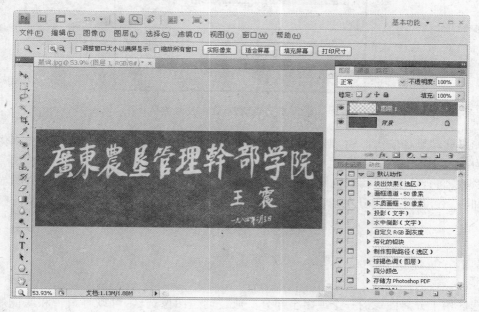

图 20-7　题词效果

20.3.3　存储题词图像

选择【文件】|【存储为】命令或按 Shift＋Ctrl＋S 组合键,弹出【存储为】对话框,在【文件名】文本框中输入"题词";单击【格式】下拉列表框,从弹出的列表项中选择 Photoshop（＊.PSD;＊.PDD）。单击【保存】按钮,保存处理好的题词图像。

20.4　知识目标

20.4.1　色阶

可以使用【色阶】命令调整图像的阴影、中间调和高光的强度级别,从而校正图像的色调范围和色彩平衡。色阶直方图用作调整图像基本色调的直观参考。使用色阶调整色调范围外面的两个输入色阶滑块,将黑场和白场映射到输出色阶。默认情况下,输入色阶滑块位于色阶为 0 处（像素为黑色）和色阶为 255 处（像素为白色），如图 20-8 所示。

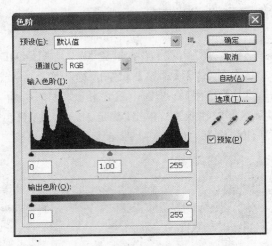

图 20-8 【色阶】对话框及参数

如果移动黑场输入滑块，则会将像素值映射为色阶 0；而移动白场滑块，则会将像素值映射为 255，其余的色阶将在色阶 0～255 之间重新分布。中间输入滑块用于调整图像中的灰度系数，它会移动中间调（色阶 128），并更改灰色调中间范围的强度值，但不会明显改变高光和阴影。这种重新分布情况将会增大图像的色调范围，实际上增强了图像的整体对比度。

20.4.2 创建选区

选区用于分离图像的一个或多个部分。通过创建图像选区，可以将编辑和滤镜效果限定在图像的局部，同时保持未选定区域不会受影响。

Photoshop 提供了单独的工具组，用于建立栅格数据选区和矢量数据选区，可以通过使用【套索】工具、【多边形套索】工具、【磁性套索】工具、【快速选择】工具、【魔棒】工具、色彩范围、【路径】工具、通道来构建图像选区和抠图。例如，若要选择像素，可以使用【选框】工具或【套索】工具。可以使用【选择】菜单中的命令来选择全部像素、取消选择或重新选择。要选择矢量数据，可以使用【钢笔】工具或【形状】工具，生成路径的精确轮廓，再将路径转换为选区或将选区转换为路径。

可以复制、移动和粘贴选区，或将选区存储在 Alpha 通道中。Alpha 通道会将选区存储为称做蒙版的灰度图像。蒙版类似于反选选区，它将覆盖图像的未选定部分，并阻止对此部分应用任何编辑或操作。通过将 Alpha 通道载入图像中，可以将存储的蒙版转换回选区。要在整个图像或选定区域内选择一种特定颜色或颜色范围，可以使用【选择】|【色彩范围】命令。

项目21　制作液态文字

21.1　项　目　任　务

用 Adobe Photoshop CS4 制作"流年似水"液态文字效果,图像宽为 800 像素,高为 240 像素,参照图 21-1,将制作结果保存为"液态文字.psd"文件。

图 21-1　液态文字效果图

21.2　技　能　目　标

✓ 能够给图像添加文字并设置文字属性。
✓ 能够正确选用并设置图层样式及参数。
✓ 能正确保存图像文件。

21.3　项　目　实　践

21.3.1　输入文字

启动 Adobe PhotoShop CS4,选择【文件】|【新建】命令或按 Ctrl+N 组合键,弹出【新建】对话框,在【名称】文本框中输入"液态文字",在【宽度】文本框中输入 800,在【高度】文本框中输入 240,如图 21-2 所示。单击【确定】按钮,关闭【新建】对话框。

在工具栏中选择【横排文字】工具 T,再单击【字符】标签,切换到【字符】选项卡;单击【字体】下拉列表框,从弹出的列表项中选择"方正水柱简体";在【文字大小】 T 文本框中输

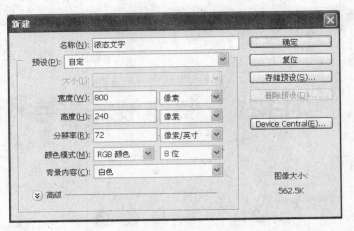

图 21-2　新建文件参数的设置

入 150，在【所选字符的字距调整】文本框中输入 60.15，【颜色】设置为"♯000000"；在画
布的左端单击，输入"流年似水"，如图 21-3 所示。此时会生成"流年似水"图层。

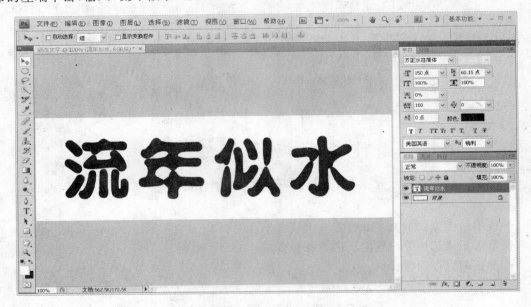

图 21-3　字体属性的设置

21.3.2　添加图层样式

选择当前图层为"流年似水"，选择【图层】|【图层样式】|【颜色叠加】命令或在【图层】面
板中单击【添加图层样式】按钮 *fx.*，在弹出的菜单项中选择【颜色叠加】命令，弹出【图层样
式】对话框。在【颜色】选项区中，单击【混合模式】下拉列表框，从下拉列表项中选择"正常"；
设置颜色为"♯00D5FF"，在【不透明度】文本框中输入 100，如图 21-4 所示。

单击【斜面和浮雕】复选框，激活【斜面和浮雕】选项卡。在【结构】选项区中，单击【样式】

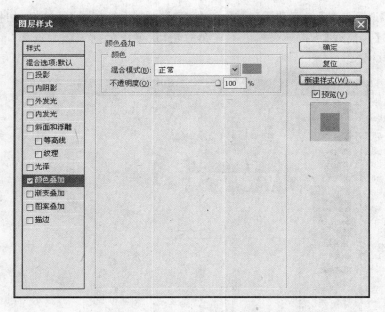

图 21-4　【颜色叠加】参数的设置

下拉列表框,从弹出的列表项中选择"内斜面";在【深度】文本框中输入 1000;选中【上】单选按钮;在【大小】文本框中输入 6,在【软化】文本框中输入 2,在【角度】文本框中输入 120,在【高度】文本框中输入 0;单击【高光模式】下拉列表框,从弹出的列表项中选择"滤色",设置高光颜色为"#FFFFFF";在【不透明度】文本框中输入 100;单击【阴影模式】下拉列表框,从弹出的列表项中选择"正片叠底";在【不透明度】文本框中输入 0。结果如图 21-5所示。

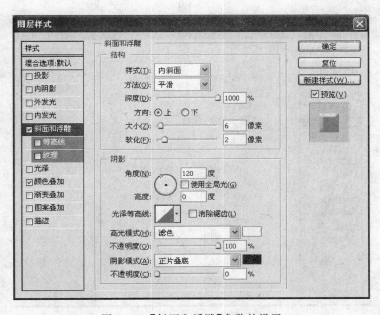

图 21-5　【斜面和浮雕】参数的设置

在【样式】选项区的【斜面和浮雕】样式名称下方选中【等高线】复选框,切换到【等高线】选项卡。单击【等高线】下拉列表框的下三角按钮,从弹出的列表项中选择"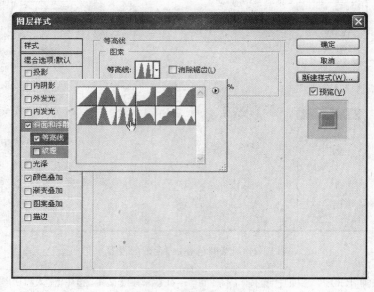",如图 21-6所示。

图 21-6　选择【等高线】类型

从【样式】选项区中选中【内发光】复选框,切换到【内发光】选项卡。在【结构】选项区,从【混合模式】下拉列表框中选择"正片叠底",在【不透明度】文本框中输入 40,设置内发光颜色为"♯000000";在【图素】选项区,在【大小】文本框中输入 2,其他参数保持默认,如图 21-7所示。

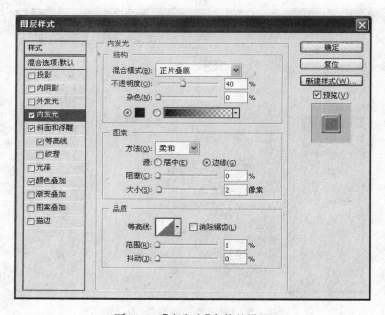

图 21-7　【内发光】参数的设置

从【样式】选项区中选中【外发光】复选框,切换到【外发光】选项卡。在【结构】选项区中,从【混合模式】下拉列表框中选择"滤色",在【不透明度】文本框中输入 75;在【图素】选项区中,在【大小】文本框中输入 10,如图 21-8 所示。

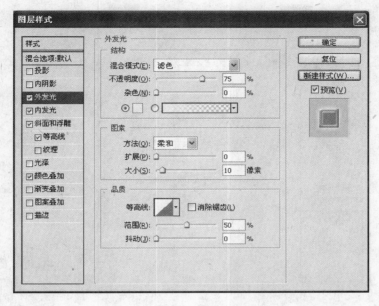

图 21-8 【外发光】参数的设置

从【样式】选项区中选中【内阴影】复选框,切换到【内阴影】选项卡。在【结构】选项区中,从【混合模式】下拉列表框中选择"正片叠底",设置外发光颜色"♯000000",在【不透明度】文本框中输入 20,在【距离】文本框中输入 10,在【大小】文本框中输入 5,如图 21-9 所示。

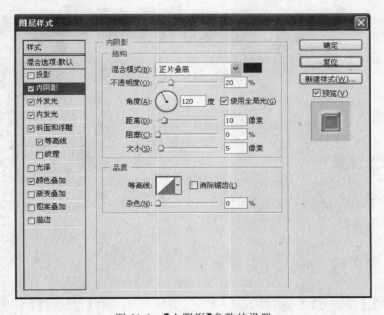

图 21-9 【内阴影】参数的设置

从【样式】选项区中选中【投影】复选框,切换到【投影】选项卡。在【结构】选项区中,从【混合模式】下拉列表框中选择"正片叠底",在【不透明度】文本框中输入 75,在【距离】文本框中输入 0,在【大小】文本框中输入 10,如图 21-10 所示。

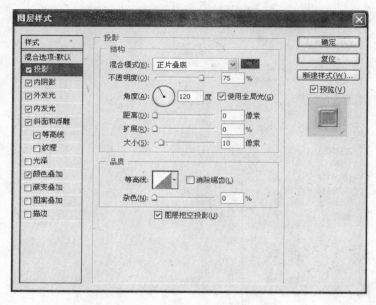

图 21-10 【投影】参数的设置

样式设置完毕,单击【确定】按钮,关闭对话框。操作至此,"流年似水"的文字效果如图 21-11 所示。

图 21-11 添加图层样式后的文字效果

21.3.3 填充背景色

回到【背景】图层,设置【前景色】为"♯F6ECBA"。按 Alt＋Del 组合键用前景色填充背景,如图 21-12 所示。

21.3.4 存储文档

选择【文件】|【存储为】命令或按 Shift＋Ctrl＋S 组合键,弹出【存储为】对话框,在【文件名】文本框中输入"液态文字",在【格式】下拉列表框中选择 Photoshop（＊.PSD；＊.PDD）,单击

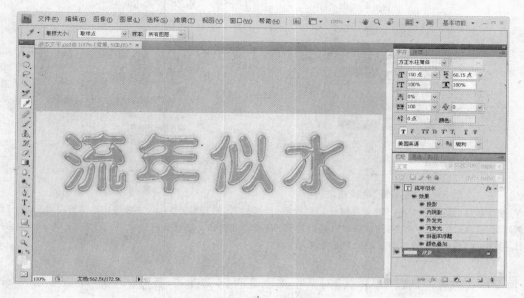

图 21-12 液态文字最终效果图

【保存】按钮,保存文字特效图像。

21.4 知 识 目 标

21.4.1 Photoshop 中三种类型的文字

Photoshop 中可以创建三种类型的文字:块文字、段落文字和路径文字。块文字是一个水平或垂直文本行,文字首字符从单击的位置开始。块文字适用于向图像中添加少量文字。段落文字使用以水平或垂直方式控制字符块的边界,适用于创建一个或多个段落文本。路径文字是指沿着开放或封闭的路径边缘流动的文字。当沿水平方向输入文本时,字符将沿着与基线垂直的路径出现。当沿垂直方向输入文本时,字符将沿着与基线平行的路径出现,文本流动方向按路径方向。

21.4.2 字符与段落属性

【字符】面板用于设置字符的大小、字体、颜色、字符间距等属性,如图 21-13 所示。
【段落】面板用于设置段落的对齐方式、左右缩进、段前段后缩进等属性,如图 21-14 所示。

21.4.3 图层样式印象

图层样式是应用于一个图层或图层组的一种或多种效果。可以应用 Photoshop 某一

图 21-13 【字符】面板功能

A. 字体系列；B. 字体大小；C. 垂直缩放；D. 设置"比
例间距"选项；E. 字距调整；F. 基线偏移；G. 语言；
H. 字形；I. 行距；J. 水平缩放；K. 字距微调

图 21-14 【段落】面板功能

A. 对齐和调整；B. 左缩进；C. 首行左缩进；D. 段
前空格；E. 连字符连接；F. 右缩进；G. 段后空格

种预设样式或者使用【图层样式】对话框来创建自定义样式,各样式名称及功能如表 21-1
所示。

表 21-1 图层样式功能描述

样 式 名 称	样 式 描 述
投影	在图层内容的后面添加阴影
内阴影	在图层内容的内边缘添加阴影
外发光	在图层内容的外边缘发光的效果
内发光	在图层内容的内边缘发光的效果
斜面和浮雕	对图层添加高光与阴影的各种组合
光泽	用于创建光泽
颜色叠加	用颜色填充图层内容
渐变叠加	用渐变色填充图层内容
图案叠加	用图案填充图层内容
描边	在当前图层内容轮廓外描边

各图层样式效果如图 21-15 所示。

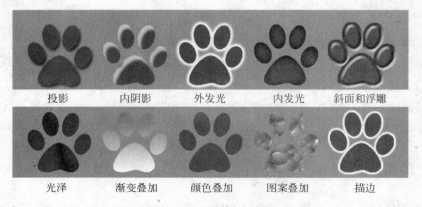

图 21-15 图层样式效果

21.4.4 图层样式的保存与重用

1. 样式的保存

当希望将自己精心定义的样式存储到样式库,可选择【窗口】|【样式】命令,打开【样式】面板,在【样式】面板单击【新建样式】按钮图标 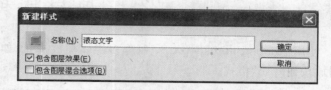,如图 21-16 所示。

弹出【新建样式】对话框,在【名称】文本框中输入新样式名称,选中【包含图层效果】复选框,如图 21-17 所示,单击【确定】按钮。

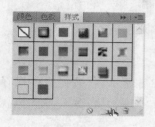

图 21-16　新建样式

图 21-17　【新建样式】对话框

2. 样式的重用

当需要应用预设和用户自定义样式时,先选择要应用样式的图层,然后打开【样式】面板,单击要套用的样式即可。

项目22　制作播放按钮

22.1　项　目　任　务

使用 Adobe Photoshop CS4 制作多媒体播放按钮，如图 22-1 所示，将按钮文件保存为"播放按钮.psd"格式。

图 22-1　播放按钮的效果图

22.2　技　能　目　标

✓ Photoshop 图层的操作。
✓ 界面高光与反光的制作。
✓ 变换选区。
✓ 定义图层样式。

22.3　项　目　实　践

22.3.1　制作按钮背景

启动 Adobe Photoshop CS4，选择【文件】|【新建】命令或按 Ctrl＋N 组合键，弹出【新建】对话框，在【名称】文本框中输入"播放按钮"，在【宽度】文本框中输入 295，在【高度】文本框中输入 295，其他参数保持默认设置，如图 22-2 所示。单击【确定】按钮，关闭【新建】对话框。

图 22-2 新建按钮文件

从工具栏中选择【渐变】工具 ■，在工具选项栏中单击【渐变色编辑器】 ■■，弹出
【渐变编辑器】对话框；双击左端色标，弹出【选择色标颜色】对话框，在【＃】文本框输入
"＃333333"；双击右端色标，弹出【选择色标颜色】对话框，在【＃】文本框输入"＃666666"，
如图 22-3 所示。单击【确定】按钮，关闭【渐变编辑器】对话框。

图 22-3 编辑背景渐变色

自左上角向右下角拖动渐变填充背景图层，如图 22-4 所示。

在【图层】面板中单击【创建新图层】按钮图标 ■，新建"图层 1"。从【工具】面板中选
择【椭圆选框】工具 ○，按住 Shift 键绘制正圆选区，按 D 键将前景色和背景色复位。在工
具栏中选择【渐变】工具 ■，在工具选项栏中单击【径向渐变】按钮图标 ■，选择【反向】复
选框，在正圆选区内绘制径向渐变填充，如图 22-5 所示。

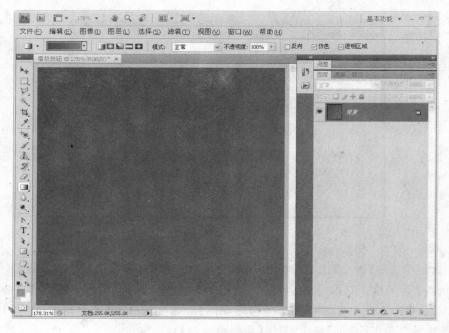

图 22-4　渐变填充背景

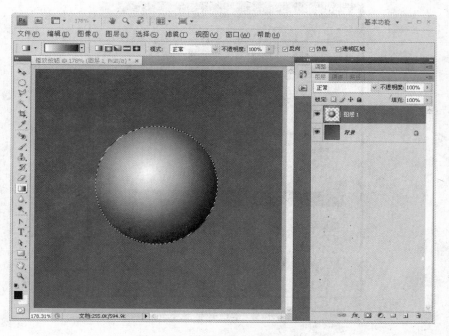

图 22-5　径向渐变填充圆形区域

选择【选择】|【变换选区】命令，按住 Shift＋Alt 组合键缩小正圆选区，如图 22-6 所示，双击应用选区变换。

在【图层】面板中单击【创建新图层】按钮图标 ，新建"图层 2"。从【工具】面板中选择【渐变】工具，在工具选项栏中单击【渐变色编辑器】，弹出【渐变编辑器】对话

框,双击左端色标,弹出【选择色标颜色】对话框,在【#】文本框输入"#3366CC";双击右端
色标,弹出【选择色标颜色】对话框,在【#】文本框输入"#073349",如图 22-7 所示。单击
【确定】按钮,关闭【渐变编辑器】对话框。

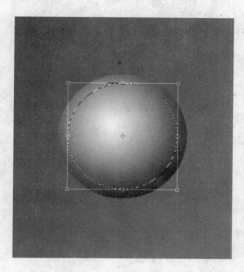

图 22-6　缩小正圆选区

图 22-7　编辑背景渐变色

在工具选项栏中单击【径向渐变】按钮图标 ，自正圆选区的左上角向右下角绘制径
向渐变,填充缩小的正圆选区,如图 22-8 所示。

图 22-8　渐变填充缩小的正圆选区

选择【选择】|【变换选区】命令，按住 Alt＋Shift 组合键再次缩小正圆选区，如图 22-9 所示。双击应用选区变换。

在【图层】面板中单击【创建新图层】按钮 ，新建"图层 3"。使用刚才编辑好的渐变色，从右下角向左上角绘制径向渐变，填充圆形选区，如图 22-10 所示。

在【图层】面板中单击【创建新图层】按钮 ，新建"图层 4"。选择【选择】|【变换选区】命令，按住 Alt＋Shift 组合键缩小正圆选区，双击应用选区变换。自正圆选区的中心偏上向右下方绘制径向渐变，填充正圆选区，如图 22-11 所示。

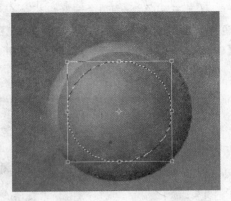

图 22-9　再次缩小正圆选区

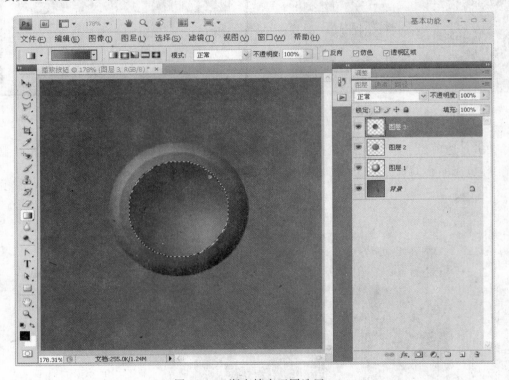

图 22-10　渐变填充正圆选区一

22.3.2　制作按钮高光

在【图层】面板中单击【创建新图层】按钮 ，新建"图层 5"。从【工具】面板中选择【椭圆选框】工具 ，在工具选项栏中，在【羽化】文本框中输入 10，在"图层 5"中绘制高光选区，将前景色设置为白色，按 Alt＋Del 组合键填充选区。在【图层】面板中，在【不透明度】文本框中输入 75％，如图 22-12 所示。

图 22-11 渐变填充正圆选区二

图 22-12 制作高光背景色

在【图层】面板中单击【创建新图层】按钮 ，新建"图层6"。从【工具】面板中选择【椭圆选框】工具 ⬭，在工具选项栏中，在【羽化】文本框中输入5。在"图层6"中绘制高光选区，将前景色设置为白色，按 Alt＋Del 组合键填充选区，如图 22-13 所示。

图 22-13　制作高光中心点

22.3.3　制作按钮反光

在【图层】面板中单击【创建新图层】按钮 ，新建"图层7"。从【工具】面板中选择【画笔】工具 ⬭，设置前景色为白色。在工具栏选项中单击【画笔预设】按钮图标 ⬭，弹出【画笔预设】对话框，在【主直径】文本框中输入10，在【硬度】文本框中输入0％，单击【画笔预设】按钮图标 ⬭，关闭【画笔预设】对话框。在【不透明度】文本框中输入50％，在"图层7"绘制反光，从【混合模式】列表框中选择"叠加"，如图 22-14 所示。

22.3.4　制作播放图标

在【图层】面板中单击【创建新图层】按钮图标 ，新建"图层8"。在工具栏中选择【多边形】工具 ⬭，在【工具】选项栏中，在【边】文本框中输入3，单击【填充像素】按钮图标 ⬭，如图 22-15 所示。

设置前景色为"＃CCEFFF"，在"图层8"中绘制三角形，从【混合模式】下拉列表框中选择"叠加"，如图 22-16 所示。

图 22-14 制作按钮的反光

图 22-15 多边形工具属性的设置

图 22-16 绘制播放图标

选择"图层1",单击【创建新的图层样式】按钮图标 _fx._ ,从弹出的菜单项中选择【投影】命令,弹出【图层样式】对话框,在【结构】选项区中,在【距离】文本框中输入7,在【大小】文本框中输入10,其他参数保持默认,如图22-17所示。

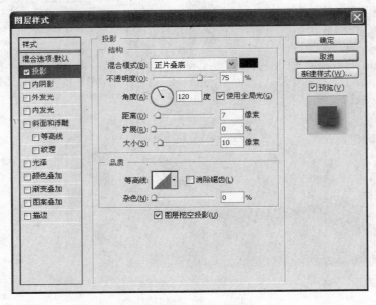

图 22-17 添加投影效果

单击【确定】按钮,关闭【图层样式】对话框,按钮效果及图层结构如图22-18所示。

图 22-18 按钮最终效果图

22.3.5 存储播放按钮

选择【文件】|【存储为】命令或按 Shift＋Ctrl＋S 组合键，弹出【存储为】对话框，在【文件名】文本框中输入"播放按钮"；单击【格式】下拉列表框，从弹出的列表项中选择 Photoshop（＊.PSD；＊.PDD）；单击【保存】按钮。

22.4 知 识 目 标

下面介绍按钮设计的五大要诀。

"设计来源于生活"，"艺术来源于模仿"。按钮设计要求设计师能从生活中挖掘、提炼素材，能从优秀的按钮设计中找到灵感和设计模式。按钮设计要把握颜色、风格、标签、位置和大小五大要诀。

1．颜色

在按钮选用颜色时，要在同一种色相中设置渐变，这样的按钮效果才自然。按钮颜色一定要与普通的页面元素有所区别，应选用比背景颜色更亮而且有高对比度的颜色。

2．风格

按钮的风格主要由质感、结构和形态构成。质感决定了按钮的结构，比如 Vista 风格的玻璃质感按钮，其按钮质感的构成离不开高光、反光和投影。形态指按钮成矩形、圆形、圆角矩形、不规则图形等形状。

3．标签

标签是指在按钮上用于说明按钮功能的文字。标签应当简短、明确和准确，多以动词开始，如插放、关闭、退出等。要想高度吸引用户注意力，可添加诸如"免费"、"最新"等字眼，但注意不要误导或欺骗用户。

4．位置

按钮应该放在突出的位置，确保用户容易找到。按钮放在产品旁边、页头、导航的顶部较为醒目，特别是左上角最为引人注目，该位置是视觉流程的焦点和起点位置。

5．大小

除通过颜色突出按钮外，按钮大小是引起用户关注的另一重要因素。太小的按钮尺寸难于表现质感、容纳按钮标签文字和保留必要的内边距，太大的按钮则会侵占过多的页面设计空间，既不美观也没有必要。

项目23　制作数码背景

23.1　项 目 任 务

使用 Adobe Photoshop CS4 制作宽为 1280 像素、高为 1024 像素的数码背景，如图 23-1 所示，将数码背景保存为"数码背景.psd"文件。

图 23-1　数码背景效果图

23.2　技 能 目 标

✓ 数码背景底色的制作。
✓ 制作光线。
✓ 制作线条。
✓ 制作星光。
✓ 制作气泡。

23.3　项 目 实 践

23.3.1　制作背景

启动 Photoshop CS4，选择【文件】|【新建】命令或按 Ctrl＋N 组合键，弹出【新建】对话

框,在【名称】文本框中输入"数码背景",在【宽度】文本框中输入 1280,在【高度】文本框中输入 1024,其他参数保持默认值,如图 23-2 所示。单击【确定】按钮,关闭【新建】对话框。

图 23-2 新建文件

从工具栏中选择【渐变】工具 ,在工具选项栏中单击【渐变色编辑器】 按钮图标,弹出【渐变编辑器】对话框,双击左端色标,弹出【选择色标颜色】对话框,在【♯】文本框输入"♯2E6CD3";双击右端色标,弹出【选择色标颜色】对话框,在【♯】文本框输入"♯0C1967",如图 23-3 所示。单击【确定】按钮,关闭【渐变编辑器】对话框。

图 23-3 编辑背景渐变色

按住 Shift 键自顶向下拖动鼠标,用线性渐变填充背景,如图 23-4 所示。

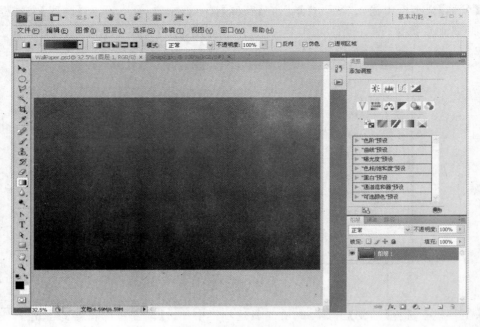

图 23-4　填充渐变背景

23.3.2　制作放射光芒

在【图层】面板中单击【创建新图层】按钮图标 ，新建"图层 2"。从工具栏中选择【矩形选框】工具 ，绘制一个与图像等高的窄矩形选区。从工具栏中选择【渐变】工具 ，在工具选项栏中单击【渐变色编辑器】 ，弹出【渐变编辑器】对话框，双击左端色标，弹出【选择色标颜色】对话框，在【#】文本框中输入"#FFFFFF"；单击左侧的【不透明度色标】 按钮图标，在【不透明度】文本框中输入 60％。双击右端色标，弹出【选择色标颜色】对话框，在【#】文本框中输入"#FFFFFF"，单击右侧的【不透明度色标】按钮图标，在【不透明度】文本框中输入 30％，如图 23-5 所示。单击【确定】按钮，关闭【渐变编辑器】对话框。

按住 Shift 键自左向右拖动鼠标，用半透明渐变色填充矩形选区，用同样的方法，重新绘制一个与图像等高但不等宽的矩形选区，用半透明渐变色填充矩形选区，如图 23-6 所示。

从工具栏中选择【橡皮擦】工具 ，在画布中右击，在弹出的对话框中，在【主直径】文本框中输入 40，在【硬度】文本框中输入 50％。按住 Shift 键从上向下擦除矩形渐变条，形成分隔线条。多次调整橡皮擦大小，制作多条分隔线。如图 23-7 所示。

选择【滤镜】|【模糊】|【高斯模糊】命令，弹出【高斯模糊】对话框，在【半径】文本框中输入 2，单击【确定】按钮，关闭【高斯模糊】对话框。选择【图像】|【调整】|【色相/饱和度】命令或按 Ctrl＋U 组合键，弹出【色相/饱和度】对话框，选择【着色】复选框，在【色相】文本框中输入 175，在【饱和度】文本框中输入 86，在【明度】文本框中输入－31，单击【确定】按钮，关闭【色相/饱和度】对话框。从【混合模式】下拉列表框中选择"颜色减淡"，如图 23-8 所示。

选择【编辑】|【变换】|【斜切】命令，向右拖动矩形变换框的右上角锚点，向左拖动矩形变

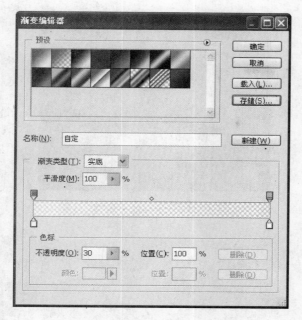

图 23-5　设置透明渐变填充

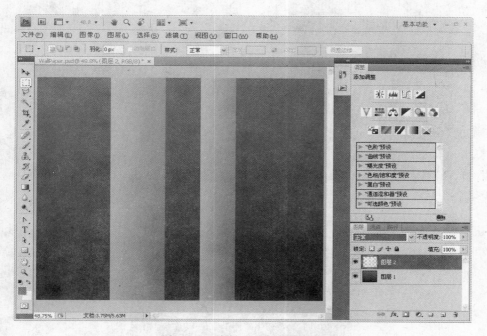

图 23-6　绘制透明渐变填充条

换框的右下角锚点,再分别拖动各锚点,适当放大光芒。从工具栏中选择【橡皮擦】工具
,在画布中右击,弹出【画笔预设】对话框,在【主直径】文本框中输入 400,在【硬度】文本框中输入 0,擦除光芒的顶部和底部。在【图层】面板中,在【不透明度】文本框中输入 50%,如图 23-9 所示。

图 23-7　擦除部分填充

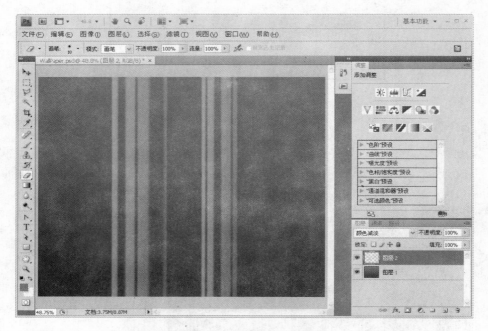

图 23-8　调整色相和混合模式

图 23-9　变换并修饰光芒

23.3.3 制作亮线

在【图层】面板中单击【创建新图层】按钮图标 ，新建"图层3"，选择工具栏的【矩形选框】工具 ，绘制同画布等宽的矩形选区，填充白色。在【图层】面板中，从【混合模式】下拉列表框中选择"叠加"，在【不透明度】文本框中输入50％，如图23-10所示。

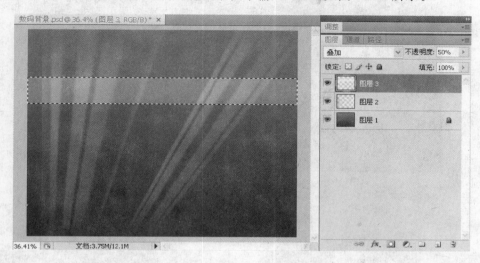

图 23-10 制作半透明矩形块

保持选区状态，选择【选择】|【修改】|【羽化】命令或按 Shift＋F6 组合键，弹出【羽化选区】对话框，在【羽化半径】文本框中输入20，单击【确定】按钮，关闭【羽化选区】对话框。按 Del 键删除选区中内容，取消选区，如图23-11所示。

图 23-11 羽化后删除矩形选区内容

选择【编辑】|【自由变换】命令，在工具选项栏中单击【在自由变换和变形模式之间切换】按钮图标 ，单击【变形】下拉列表框，从下拉列表项中选择【旗帜】按钮图标 旗帜，如图23-12所示，按 Enter 键应用旗帜变形。

选择【编辑】|【自由变换】命令，按住 Shift＋Ctrl＋Alt 组合键将光标放到变换框的顶点外围并旋转，再拖动顶点进行图形变形，如图23-13所示。

按 Ctrl＋J 组合键复制"图层3"为"图层3 副本"，对"图层3 副本"进行自由变换，如图23-14所示。

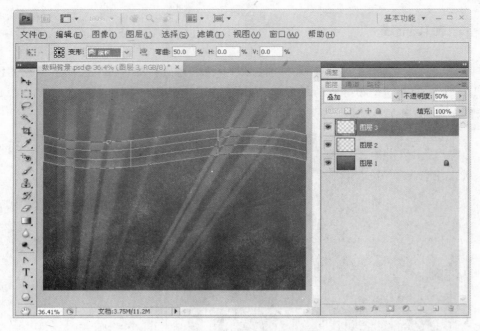

图 23-12 执行"旗帜"变形

图 23-13 制作矩形变换效果

图 23-14 变换"图层 3 副本"

23.3.4 制作线条组效果

从工具栏中选择【钢笔】工具 ，在工具选项栏单击【路径】按钮图标 ，绘制路径，如图 23-15 所示。

选择【编辑】|【自由变换】命令，按住 Shift 键将路径等比例适当缩小。释放 Shift 键，然后轻微旋转路径并向左移动少许。按 Shift＋Ctrl＋Alt＋T 组合键复制路径，如图 23-16 所示。

在【图层】面板中单击【创建新图层】按钮图标 ，新建"图层 4"。在工具栏中选择【画

图 23-15　绘制曲线路径

图 23-16　变换复制的路径

笔】工具 ⟋ ，在画布中右击，弹出【画笔预设】对话框，在【主直径】文本框中输入 1，按 Esc 键关闭【画笔预设】对话框。单击【路径】标签，切换到【路径】面板，单击【画笔描边路径】按钮图标 ⬤ ，对路径进行描边。选择【编辑】|【自由变换】命令，对"图层 4"做自由变换，设置图层混合模式为"叠加"。按 Ctrl＋J 组合键复制"图层 4"为"图层 4 副本"，选择【编辑】|【自由变换】命令，对"图层 4 副本"做自由变换，设置图层混合模式为"叠加"，执行自由变换操作，如图 23-17 所示。

23.3.5　制作半透明气泡

在【图层】面板中单击【创建新图层】按钮图标 ⬛ ，新建"图层 5"。从工具栏中选择【椭圆选框】工具 ◯ ，在工具选项栏单击【添加到选区】按钮图标 ⬛ ，在"图层 5"中绘制圆形选

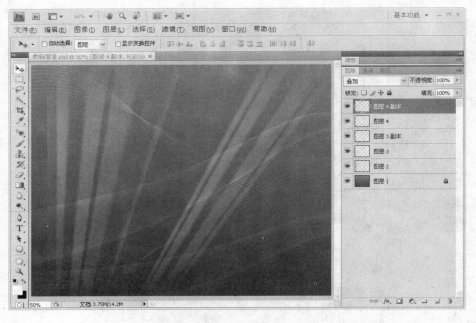

图 23-17　描边路径并自由变换

区,设置前景色为白色,按 Alt＋Del 组合键用白色填充选区。在【图层】面板中单击【创建图层样式】按钮 _fx_,从弹出的菜单项中选择【混合选项】命令,弹出【图层样式】对话框,在【填充不透明度】文本框中输入 0。选中【内发光】复选框,切换到【内发光】选项卡,在【结构】选项区中,在【不透明度】文本框中输入 30％;在【图素】选项区中,在【大小】文本框中输入 24,如图 23-18 所示。单击【确定】按钮,关闭【图层样式】对话框。

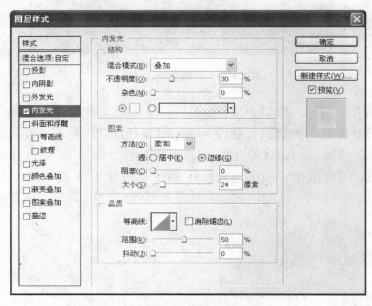

图 23-18　半透明气泡的制作

23.3.6　存储数码背景

选择【文件】|【存储为】命令或按 Shift＋Ctrl＋S 组合键，弹出【存储为】对话框，在【文件名】文本框输入"数码背景"；单击【格式】下拉列表框，在弹出的列表项中选择 Photoshop（＊.PSD；＊.PDD）；单击【保存】按钮，保存数码背景图像。

23.4　知识目标

23.4.1　数码背景用途

数码背景广泛应用于界面设计、多媒体集成、网页设计制作、影视背景和平面设计中，尤其在婚纱相册制作和 Windows 壁纸制作中其应用最为典型。

23.4.2　数码背景结构与制作要诀

数码背景可以大致分为背景、光感、线条和主题文字四个部分。背景可以采用渐变填充、纯色背景做光照效果和图片模糊来制作，也可以综合使用这些方法。光感多以气泡、星光、心形、箭头、图标、半透明的图形等方式呈现，做法上多采用先填充后羽化删除、用橡皮擦局部擦除(需多次调整透明度)和用图层样式来完成。线条多以光滑的曲线、波浪线形式呈现，做法上多采用先绘制路径后用画笔描边路径，然后进行变换、复制来批量制作。主题文字往往配合具体的背景用途来制作，比如"百年好合"。主题文字的修饰多采用变换字体、画笔描边、修改字形来实现。

第三篇　动画制作

模 块 分 解	项 目 名 称	硬件、软件与素材
GIF 动画制作	项目 24　制作校园招聘会 GIF 广告	Adobe Photoshop CS4
Flash 动画采集	项目 25　用 ScreenFlash 录制视频教程	ScreenFlash 1.7 汉化版
Flash 按钮	项目 26　制作网站 Flash 导航条	Adobe Flash CS4
Flash 路径动画	项目 27　制作嫦娥二号绕月演示动画	Adobe Flash CS4
Flash 遮罩动画	项目 28　制作汽车 Flash 流光广告	Adobe Flash CS4

项目24 制作校园招聘会GIF广告

24.1 项 目 任 务

使用 Adobe Photoshop CS4 制作宽为 317 像素、高为 60 像素的 GIF 动画,第 1 帧和第 2 帧如图 24-1 和图 24-2 所示。帧延迟设置为 1 秒后,将动画文件导出为 GIF 格式。

图 24-1　第 1 帧效果图　　　　　　　　　　　　图 24-2　第 2 帧效果图

24.2 技 能 目 标

✓ 新建 GIF 动画文件。
✓ 使用渐变填充。
✓ 定义图层样式。
✓ 控制帧对象的呈现与隐藏。
✓ 定义动画帧间延迟。
✓ 导出 GIF 动画。

24.3 项 目 实 践

24.3.1 制作第 1 帧图像

启动 Photoshop,选择【文件】|【新建】命令或按 Ctrl+N 组合键,弹出【新建】对话框,在【名称】文本框中输入"2011xyzp",在【宽度】文本框中输入 317,在【高度】文本框中输入 60,如图 24-3 所示。单击【确定】按钮,关闭【新建】对话框。

在工具栏中单击【缩放】工具按钮图标 🔍,在画布中单击,将图像放大 200%。在工具栏中单击【设置前景色】按钮图标 █,弹出【拾色器(前景色)】对话框,在【♯】文本框中输入

图 24-3　新建文件

"＃f30511"，如图 24-4 所示。单击【确定】按钮关闭【拾色器（前景色）】对话框。

在工具栏中单击【设置背景色】按钮图标，弹出【拾色器（背景色）】对话框，在【＃】文本框中输入"＃d41922"。在工具栏中选择【渐变工具】，在工具选项栏中，单击下三角按钮，从弹出的列表项中选择前景色到背景色渐变，如图 24-5 所示。

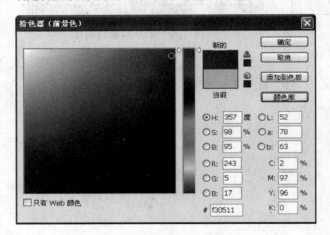

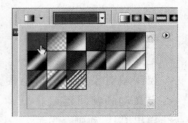

图 24-4　设置第 1 帧前景色　　　　　　　　图 24-5　选定前景色到背景色的渐变

按住 Shift 键从画布顶部边缘到底部边缘拖动鼠标进行绘制，用渐变色填充整个画布。从工具栏中选择【横排文字】工具 T，在工具栏选项中，从【设置字体系列】列表框中选择"方正综艺简体"，在【字体大小】文本框中输入 25。单击【文本颜色】按钮图标，弹出【选择文本颜色】对话框，在【＃】文本框中输入"＃ffffff"。单击【确定】按钮，关闭【选择文本颜色】对话框。输入文字"农工商学院 2011 年校园招聘"，如图 24-6 所示。

农工商学院2011年校园招聘

图 24-6　输入文字

在【图层】面板中单击【添加图层样式】按钮图标 *fx.*，从弹出菜单项中选择【渐变叠加】命令，弹出【图层样式】对话框。在【渐变】选项区中，单击【渐变】下三角按钮渐变：，弹出【渐变编辑器】对话框，在渐变条下方单击来添加 1 个色标，双击设置左边和右边色标的颜色为白色，中间色标颜色为"＃aeaeae"，色标位置为 33％，如图 24-7所示。单击【确定】按钮，关闭【渐变编辑器】对话框，回到【图层样式】对话框。

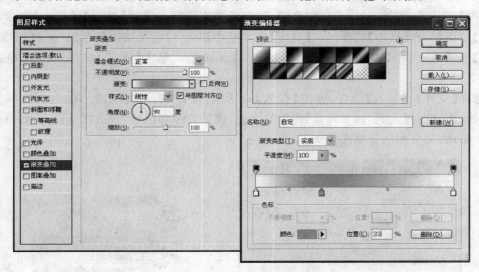

图 24-7　编辑渐变色

选择【投影】复选框。切换到【投影】选项卡，在【结构】选项区，【不透明度】文本框中输入50％，如图 24-8 所示。单击【确定】按钮，关闭【图层样式】对话框。

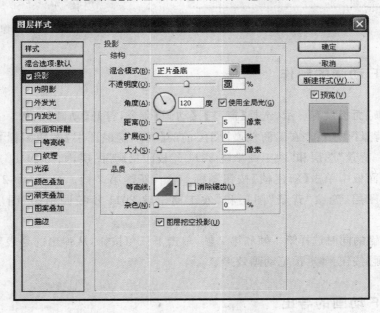

图 24-8　降低投影透明度

24.3.2 制作第 2 帧图像

在【图层】面板中单击【显示隐藏图层】按钮图标 👁，关闭图层的显示。单击【新建图层】按钮图标 ⬚，新建图层并命名为"帧 2 背景"，设置前景色为白色，在工具栏中单击【油漆桶】工具 🪣，或按 Alt＋Del 组合键，用白色填充图层。选择【编辑】|【描边】命令，弹出【描边】对话框，在【描边】选项区的【宽度】文本框中输入 1，设置描边颜色为"＃d41922"；在【位置】选项区，选中【内部】单选按钮，如图 24-9 所示。单击【确定】按钮，关闭【描边】对话框。

选择【文件】|【置入】命令，弹出【置入】对话框，选择"农工商校徽.png"文件，单击【确定】按钮，将该图置入到"帧 2 背景"图层的上方，调整大小和位置，双击完成置入，如图 24-10 所示。至此，第 2 帧图像制作完毕。

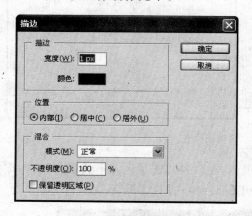

图 24-9 【描边】对话框

图 24-10 置入图像

24.3.3 GIF 动画的制作

如果【动画】面板没有显示，选择【窗口】|【动画】命令，打开【动画】面板。在【图层】面板中单击"帧 2 背景"图层和"农工商校徽"图层前的【显示隐藏图层】按钮图标 👁，隐藏这两个图层。显示"背景"图层和"农工商学院 2011 年校园招聘"图层，如图 24-11 所示。

在【动画】面板中单击【新建帧】按钮图标 ⬚，新建第 2 帧。显示"帧 2 背景"图层和"农工商校徽"图层，隐藏"背景"图层和"农工商学院 2011 年校园招聘"图层，如图 24-12 所示。

按住 Ctrl 键的同时选择第 1 帧和第 2 帧，单击下三角按钮，从弹出的列表项中选择 1.0。单击【播放动画】按钮 ▶ 预览动画效果。

24.3.4 GIF 动画的导出

选择【文件】|【存储】命令或按 Ctrl＋S 组合键，弹出【存储为】对话框，在【文件名】文本

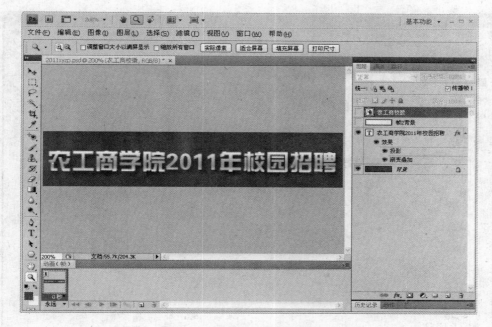

图 24-11　设置第 1 帧图层的显示

图 24-12　设置第 2 帧图层的显示

框中输入"2011xyzp"；单击【格式】下拉列表框，从弹出的列表项中选择 Photoshop（＊.PSD；＊.PDD）；再单击【保存】按钮。选择【文件】|【存储为 Web 和设备所用格式】命令，弹出【存储为 Web 和设备所用格式】对话框，如图 24-13 所示。

单击【存储】按钮，弹出【将优化结果存储为】对话框，选择文件保存目录，在【文件名】文

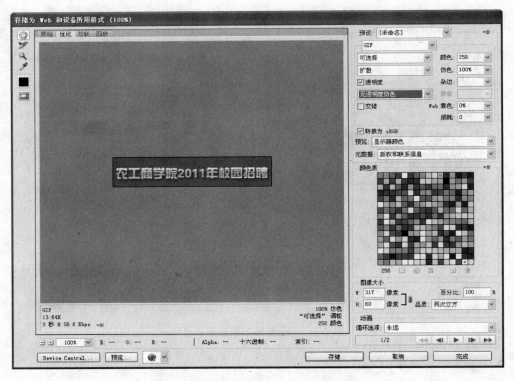

图 24-13　存储动画为 GIF 格式

本框中输入"2011xyzp. gif"；单击【保存类型】下拉列表框，从弹出的列表项中选择"仅限图像（∗. gif）"；再单击【保存】按钮保存动画，如图 24-14 所示。

图 24-14　保存动画

24.4 知 识 目 标

24.4.1 动画原理

动画是在一段时间内显示的一系列图像或帧,每一帧较前一帧都有轻微的变化,当连续、快速地显示这些帧时就会产生运动或其他变化的错觉,如图24-15所示。动画常用于网络广告、通信软件表情图片和多媒体开发。

图 24-15 动画帧系列

24.4.2 GIF 格式

GIF(Graphics Interchange Format,图形交换格式)是针对网络传输需求而开发的索引颜色格式,压缩比率高,文件兼容性好,广泛用于显示超文本标记语言(HTML)文档中的索引颜色图形和图像。GIF 是一种用 LZW 压缩的格式,目的在于最小化文件大小和电子传输时间。GIF 格式保留索引颜色图像中的透明度,但不支持 Alpha 通道。GIF 支持透明背景、动画(GIF89a)、渐显,但 GIF 只有 256 色。

24.4.3 网络广告报价

网络广告的类型比传统媒介丰富很多,报价方式也比传统媒介复杂,中国雅虎(cn.yahoo.com)网站广告报价如表 24-1 所示。影响网络广告报价的主要因素是网站的访问量、广告位置、广告形式和广告尺寸。网络广告名称示意图请浏览各大网站了解详情。

表 24-1　中国雅虎网站广告报价（2010 年）

位　　置	名　　称	宽/px	高/px	格　　式	大小/KB	价格/（元/天）
雅虎首页	首屏横幅	350	200	JPG/GIF/SWF	35	180000
	右侧按钮	350	120	JPG/GIF/SWF	30	120000
	中间通栏	450	120	JPG/GIF/SWF	30	80000
	右侧按钮	350	120	JPG/GIF/SWF	30	80000
	左侧横幅 1	132	400	JPG/GIF/SWF	30	100000
	左侧横幅 2	132	400	JPG/GIF/SWF	30	60000
	左侧横幅 3	132	315	JPG/GIF/SWF	30	50000
	页面通栏	810	90	JPG/GIF/SWF	30	70000
	弹出广告	720	300	JPG/GIF	35	130000
邮箱	弹出广告	720	300	JPG/GIF	35	100000
	画中画	300	250	JPG/GIF/SWF	25	90000
	登出页右侧横幅	275	180	JPG/GIF/SWF	20	60000
	电邮页面模块	25	25	JPG/GIF	2	20000
	电邮页面模块	25	25	JPG/GIF	2	20000
	电邮页面模块	25	25	JPG/GIF	2	20000
	顶部文字链	/	/	文字链	/	20000
	收件箱上方文字链	/	/	文字链		20000
	直邮	<620		HTML	600	0.2 元/封
文章页	超级横幅	600	90	JPG/GIF/SWF	20	80000
	右侧画中画	300	250	JPG/GIF/SWF	25	100000
	内容区矩形广告	200	250	JPG/GIF/SWF	20	60000
	文章底部矩形广告	200	250	JPG/GIF/SWF	20	70000
	右侧下方横幅	300	200	JPG/GIF/SWF	20	50000
	底部通栏	640	90	JPG/GIF/SWF	20	60000
画报页	画报左下角按钮	263	68	JPG/GIF/SWF	20	70000
频首通投	两屏横幅	300	200	GIF/SWF	20	50000
	两屏大通栏	950	90	GIF/SWF	30	60000
	三屏大通栏	950	90	JPG/GIF/SWF	25	40000
	四屏大通栏	950	90	JPG/GIF/SWF	10	30000
	页大通栏	950	90	JPG/GIF/SWF	10	20000
	要闻区文字链	/	/	文字链	/	60000
娱乐首页	首屏横幅	300	200	JPG/GIF/SWF	30	40000
	焦点图	550	280	JPG	30	60000
体育首页	首屏横幅	300	200	JPG/GIF/SWF	30	40000
	焦点图	298	298	JPG	30	60000
财经首页	首屏横幅	300	200	JPG/GIF/SWF	30	40000
	焦点图	290	220	JPG	30	60000
资讯首页	首屏横幅	300	200	JPG/GIF/SWF	30	40000
	焦点图	500	250	JPG	30	60000
汽车首页	两屏横幅	300	200	JPG/GIF/SWF	30	40000
	焦点图	298	289	JPG	30	60000
数码首页	两屏横幅	300	300	GIF/SWF	20	40000
	焦点图	295	216	JPG	25	60000
论坛	读帖页通栏	710	90	JPG/GIF/SWF	30	30000
	评论区底部页半通栏	200	100	JPG/GIF/SWF	10	20000

项目25　用ScreenFlash录制视频教程

25.1　项 目 任 务

使用 ScreenFlash 录制 Windows XP 系统的"显示已知文件类型扩展名"操作动画，对录制后的鼠标移动路径进行调整，并添加注释信息，再将操作动画输出为 SWF 格式文件。

25.2　技 能 目 标

✓ 新建项目。
✓ 录制参数配置。
✓ 录制操作动画。
✓ 插入注释。
✓ 将演示动画输出为 SWF 格式文件。

25.3　项 目 实 践

ScreenFlash 可以录制当前计算机屏幕、某一程序窗口或者指定的区域，支持捕捉麦克风或者计算机播放的声音，可以对录制后的动画进行编辑并输出为 SWF 格式、AVI 格式或 GIF 格式动画文件。

25.3.1　新建项目

启动 ScreenFlash，选择【文件】|【新建】命令，弹出【创建新工程】对话框，单击【浏览】按钮，选择项目文件保存目录，在【请在下面为你的工程提供一个保存目录和名字。】文本框中输入"显示文件扩展名"，如图 25-1 所示，单击【下一步】按钮继续。

在【选择捕获模式】对话框中，选中【捕获全屏】单选按钮，如图 25-2 所示。【捕获全屏】能够捕获屏幕所有操作。单击【下一步】按钮继续。

在【捕捉全屏】对话框中，应牢记捕获控制快捷键，"开始/停止捕获"用 Alt＋S 组合键，"暂停/恢复捕获"用 Alt＋P 组合键。如果不习惯系统指定的快捷键，可以重新定义。如果

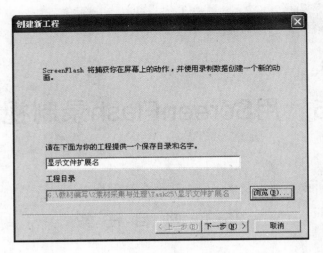

图 25-1　新建工程

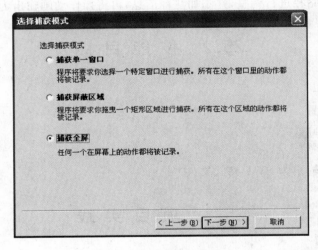

图 25-2　选择捕获模式

捕获操作过程的同时有声音讲解,选中【录制声音】复选框并单击右侧的【设置】按钮,弹出【声音】对话框,在【采样大小】选项区选中【16 位】单选按钮,在【声音来源】选项区选中【麦克风】复选框,在【采样级别】选项区选中【22050 采样率/秒】单选按钮,如图 25-3 所示。单击【确定】按钮,关闭【声音】对话框;单击【完成】按钮,完成新工程的创建。

25.3.2　录制操作动画

　　向导运行结束后,ScreenFlash 会自动最小化到系统任务栏,并提示按 Alt+S 组合键开始录制。准备就绪后,按 Alt+S 组合键进行录制。操作过程中应注意操作的速度和鼠标动作要简洁,录制之前最好操作熟练,待录制工作完成后再次按 Alt+S 组合键来停止录制,ScreenFlash 会自动返回到录制项目的编辑界面。

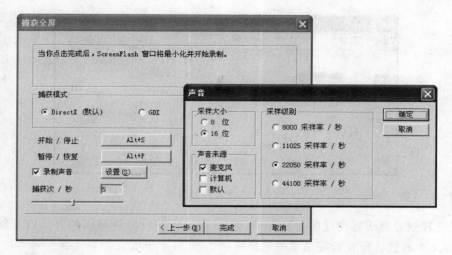

图 25-3 设置捕获参数

25.3.3 编辑项目

在工具栏中单击【播放】按钮图标 ▷，观看刚刚录制的效果；单击【暂停】按钮图标 ▯▯，暂停动画播放，可看到用红色线显示了鼠标移动轨迹，并给出了几个鼠标轨迹的拐点。按住红色的拐点拖动，可改变操作过程中鼠标的运动轨迹，如图 25-4 所示。

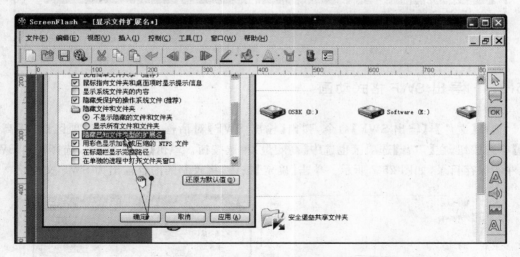

图 25-4 调整鼠标的运动轨迹

选择【插入】|【注释】命令，弹出【注释属性】对话框，在文本框中输入注释内容，可以在对话框顶部用各个选项修改注释字体、字体大小、字体风格、字体对齐和字体颜色；在【类型】选项区中选择注释图框形状，如图 25-5 所示。单击【确定】按钮，关闭【注释属性】对话框。

在编辑窗口拖动鼠标添加刚才定义的注释。单击选择注释框，在工具栏中，【选择线颜色】按钮图标 用于设置注释框边框颜色，【选择填充颜色】按钮图标 用于设置注释框填充颜色，【选择文本颜色】按钮图标 用于设置注释文本颜色，【选择线宽度】按钮图标

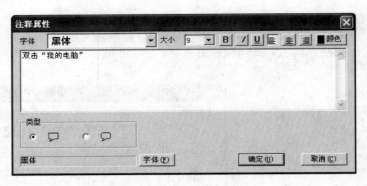

图 25-5　设置注释属性

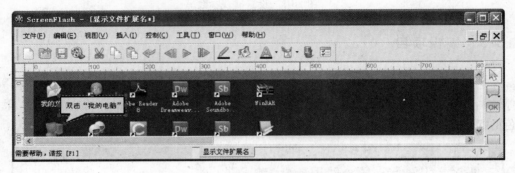

设置注释框边框线宽度，【属性】按钮图标 用于重新设置注释属性并可以重新更改注释内容和文本属性。设置黄底黑字的注释效果如图 25-6 所示。

图 25-6　编辑注释

25.3.4　导出 SWF 格式动画

选择【文件】|【输出 SWF】命令，弹出【输出 SWF】对话框，在【图形】选项区选中【高质量】单选按钮，在【声音】选项区也选中【高质量】单选按钮。单击【浏览】按钮，选择输出 SWF 文件的保存目录，如图 25-7 所示。单击【确定】按钮，将录制的内容输出为 SWF 文件。

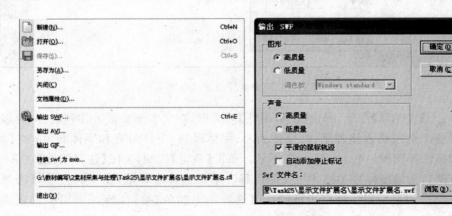

图 25-7　输出 SWF 文件的设置

25.4 知 识 目 标

25.4.1 ScreenFlash 介绍

ScreenFlash 可制作演示动画、交互式软件教程,它是创建软件产品演示、产品帮助交档和新用户培训最简单有效的工具。ScreenFlash 能够从操作窗口中捕捉软件操作过程和操作者解说,可以直接导出动画,也可以通过后期编辑,比如插入按钮、配音、图片和提示文字等操作,制作多媒体演示动画。

25.4.2 ScreenFlash 高级编辑功能

ScreenFlash 的【插入】菜单支持插入注释、文字、图像、按钮和声音等,如图 25-8 所示。

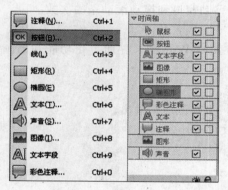
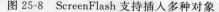

图 25-8 ScreenFlash 支持插入多种对象

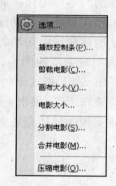

图 25-9 ScreenFlash【工具】菜单项

在【工具】菜单项中,如图 25-9 所示。各命令作用如下。

【播放控制条】命令:用于选择播放控制条外观,这样就可以使录制的操作动画教程更加完整,容易控制播放,方便用户学习。

【剪裁电影】命令:用于修剪电影画面大小,剪裁对所有帧有效。

【画布大小】命令:用于调整录制好的电影背景画布大小,当放大时将在画面四周添加单色填充。调整对所有帧有效。

【电影大小】命令:用于调整电影画面大小,可以对电影进行缩放。

【分割电影】命令:用于将当前电影进行拆分或修剪。

【合并电影】命令:用于合并两段电影。

【压缩电影】命令:用于对当前电影进行压缩,能够减小文件大小。

25.4.3 输出其他格式

当输出常规的 SWF 动画时,ScreenFlash 支持基本参数设置,还可以将 SWF 文件转换

成可执行文件,这样即使用户计算机上没有安装 Flash 播放器也可以独立播放动画;或者选择【工具】|【播放控制条】命令,为录制好的动画添加播放控制条,方便用户对动画进行播放控制。ScreenFlash 也提供将操作演示输出为 AVI、GIF 格式的功能。

25.4.4 ScreenFlash 常见问题

1.提高捕获速度

(1) 降低显示器分辨率和颜色质量,尽可能用低于计算机正常分辨率和颜色位数的模式进行操作录制。

(2) 缩小捕获区域,避免全屏捕获。

(3) 使用高性能的计算机。

2.减小文件大小

(1) 在录制期间尽可能保持画面稳定,减少移动窗口和拖动滚动条的次数。

(2) 最好不要录制播放的动画、电影和界面变化频繁的窗口。

(3) 保持录制区域画面简单,例如录制时应关闭 Windows 界面美化功能和动画效果,避免录制区域内出现杂乱的内容。

(4) 开启导出 SWF 格式动画时的压缩功能。

(5) 对画质要求不高,导出 SWF 格式动画可选择低质量输出。

(6) 窗口捕获和区域捕获通常比全屏捕获文件要小。

项目26　制作网站Flash导航条

26.1　项目任务

使用 Flash CS4 制作网站 Flash 导航条,导航条宽为 580 像素,高为 33 像素。为按钮制作网页链接,效果如图 26-1 所示。将 Flash 导航条动画发布为 SWF 格式,播放器版本为 Flash Player 9。

图 26-1　导航条效果图

26.2　技能目标

- ✓ 设置 Flash 文件的属性。
- ✓ 编辑动画文字。
- ✓ 制作动态按钮。
- ✓ 制作按钮链接。
- ✓ 发布 Flash 动画。

26.3　项目实践

26.3.1　新建文件

启动 Flash CS4,选择【文件】|【新建】命令或按 Ctrl＋N 组合键,弹出【新建文档】对话框,在【类型】列表框中选择"Flash 文件(ActionScript 2.0)",如图 26-2 所示。

定义动画文件的大小和帧频。选择【修改】|【文档】命令或按 Ctrl＋J 组合键,弹出【文档属性】对话框,在【宽】文本框中输入 580,在【高】文本框中输入 33,在【帧频】文本框中输入 12。单击【背景颜色】按钮图标 ■,弹出【背景颜色】面板,在【背景颜色】文本框中输入 "＃363636",如图 26-3 所示。单击【确定】按钮,关闭【文档属性】对话框。

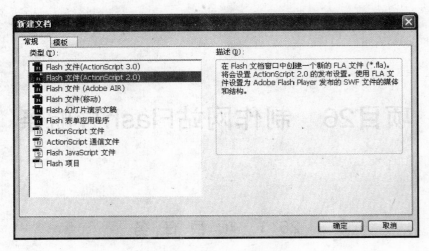

图 26-2 【新建文档】对话框

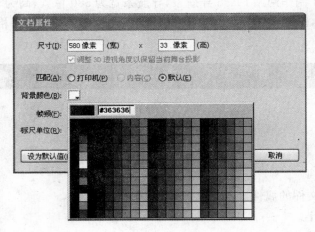

图 26-3 定义文档属性

26.3.2 制作按钮编号数字

选择【视图】|【缩放比例】|【显示帧】命令或按 Ctrl+2 组合键,显示全部场景。从【工具】面板中选择【文本】工具 T 并在舞台左端单击,输入 123456789。切换到【工具】面板,选择【选择】工具 ,再选择文字,在右侧的【属性】面板中单击【系列】下拉列表框,从下拉列表项中选择"华文细黑",在【大小】文本框中输入 32.0,在【字母间距】文本框中输入 45.0,设置文本颜色为"#ff9932",如图 26-4 所示。

26.3.3 制作频道导航按钮

单击【锁定】按钮图标 ,将"图层 1"锁定以免被无意移动。在【时间轴】面板中单击【新建图层】按钮图标 ,新建"图层 2"。从【工具】面板中选择【文本】工具 T ,单击编号为

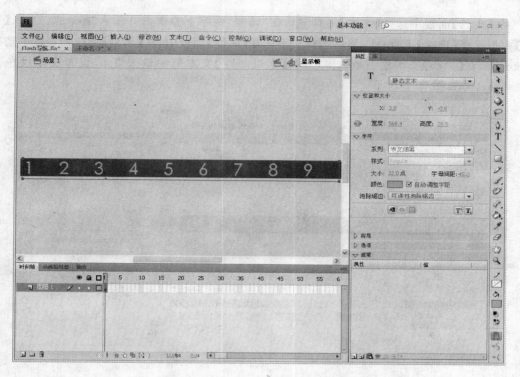

图 26-4　制作按钮编号

1 按钮的右边，输入"新闻"两字。切换到【工具】面板的【选择】工具 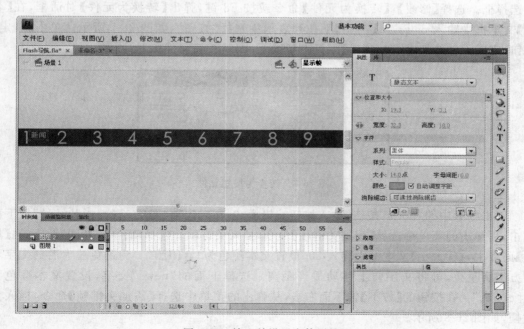，选择文字，在【属性】面板中从【系列】下拉列表框中选择"黑体"，在【大小】文本框中输入 14.0，在【字母间距】文本框中输入 0.0，设置文本颜色为"#a5a5a5"，如图 26-5 所示。

图 26-5　输入并设置字体属性

从【工具】面板中选择【文本】工具 T ，在"新闻"两字下方单击并输入"news"。再从【工具】面板选择【选择】工具 ，然后选择文字。在【属性】面板中，从【系列】下拉列表框中选择 Verdana，在【大小】文本框中输入 9.0，在【字母间距】文本框中输入 0.0，设置文本颜色为 "＃a5a5a5"，如图 26-6 所示。

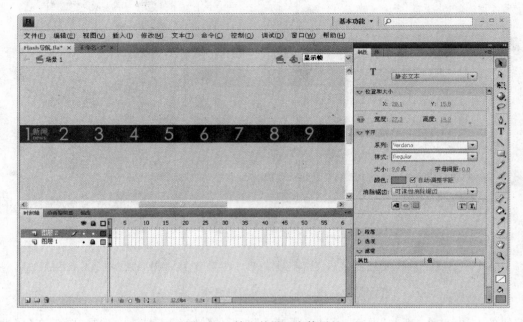

图 26-6 输入并设置字体属性

从【工具】面板中选择【选择】工具 ，拖动鼠标绘制一个包含"新闻"和"news"等内容的选择框。选择【修改】|【转换为元件】命令或按 F8 键，弹出【转换为元件】对话框，在【名称】文本框中输入 news，从【类型】下拉列表框中选择"按钮"，如图 26-7 所示。单击【确定】按钮，完成元件转换，此时在【库】面板中新增了 news 按钮元件。

图 26-7 转换为按钮元件

双击场景中的"news"按钮，进入按钮编辑模式，在时间轴"图层 1"的"指针经过"帧下面右击，从弹出的菜单中选择【添加关键帧】命令，插入关键帧。选择舞台中"新闻"两字，在【属性】面板中，在【大小】文本框中输入 20，设置文本颜色为"＃ffffff"。为避免放大后的文字与下方文字重叠，可将文字向上移动适当距离。选择下面的"news"文字，设置文本颜色为 "＃cccccc"。在按钮的【按下】帧下面右击，从弹出的菜单中选择【添加关键帧】命令，插入关键帧，如图 26-8 所示。

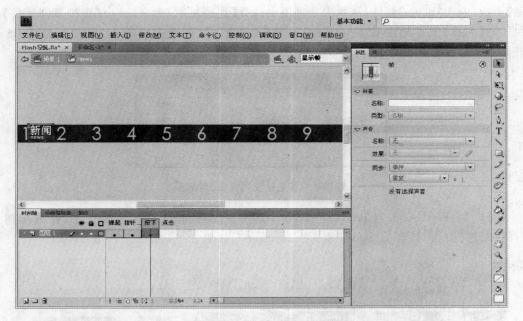

图 26-8　制作按钮状态

单击按钮图标 ，回到"场景 1"，选择"news"按钮元件，选择【窗口】|【动画】命令或按 F9 键，打开【动作】面板，在右侧文本框中输入如图 26-9 所示代码。

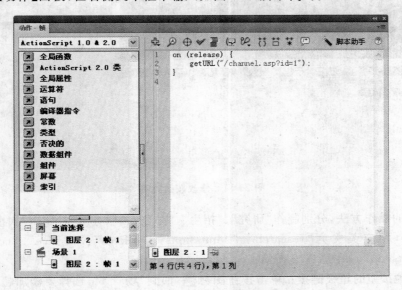

图 26-9　设置"新闻"按钮动作的代码

26.3.4　制作其他按钮

"教育"、"研究"等按钮元件可以通过复制修改"news"按钮元件来制作，主要修改按钮的内容、按钮超级链接和按钮位置即可。下面以"教育"按钮制作为例进行说明。切换到

【库】面板，右击"news"元件，从弹出菜单项中选择【直接复制】命令，弹出【直接复制元件】对话框，在【名称】文本框中输入 education，从【类型】下拉列表框中选择"按钮"，如图 26-10 所示。

图 26-10 【直接复制元件】对话框

在【库】面板中，双击复制出的"education"按钮元件，进入元件编辑状态，修改按钮标签，将"新闻"改为"教育"，"news"改为"education"，如图 26-11 所示。

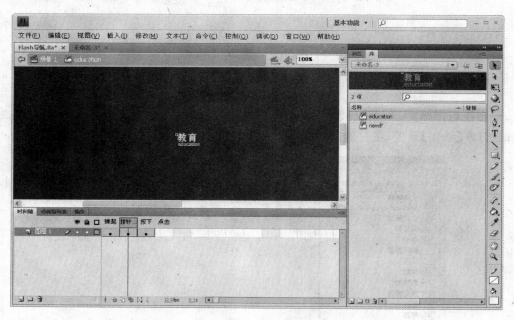

图 26-11 修改按钮标签

按相同的操作方法，分别制作"研究"、"招生"、"办公"、"服务"、"社团"、"大事"和"关于"的按钮元件，相应英文为"research"、"admissions"、"offices"、"service"、"community"、"events"和"about"，如图 26-12 所示。

制作其他按钮的超级链接。单击按钮图标 ，回到"场景 1"，选择要添加超级链接的按钮，选择【窗口】|【动画】命令或按 F9 键，打开【动作】面板，按表 26-1 所示给按钮添加链接地址。

26.3.5 组合成导航条

单击按钮图标 ，回到"场景 1"，打开【库】面板，将按钮拖放到按钮编号后面，注意保持中英文对齐，如图 26-13 所示。

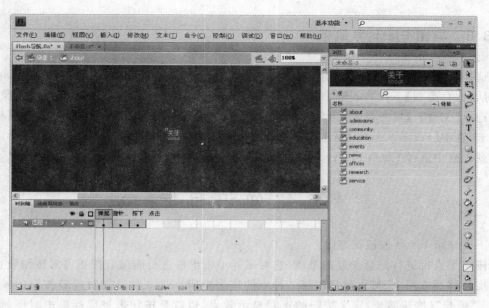

图 26-12 制作其他导航

表 26-1 按钮的超级链接地址

按钮名称	超级链接地址	按钮名称	超级链接地址
新闻	/channel.asp?id＝1	服务	/channel.asp?id＝6
教育	/channel.asp?id＝2	社团	/channel.asp?id＝7
研究	/channel.asp?id＝3	大事	/channel.asp?id＝8
招生	/channel.asp?id＝4	关于	/channel.asp?id＝9
办公	/channel.asp?id＝5		

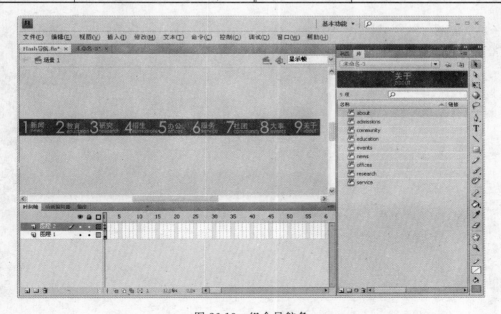

图 26-13 组合导航条

26.3.6 导出 Flash 导航条

选择【文件】|【保存】命令，弹出【另存为】对话框，在【文件名】文本框中输入"Flash 导航"，从【保存类型】下拉列表框中选择"Flash CS4 文档（＊.fla）"，单击【保存】按钮保存文件。选择【文件】|【发布设置】命令，弹出【发布设置】对话框，单击【格式】标签，切换到【格式】选项卡，选中【Flash（.swf）】复选框；单击【Flash】标签，切换到【Flash】选项卡，从【播放器】下拉列表框中选择 Flash Player 9。单击【发布】按钮，完成文件发布。

26.4　知 识 目 标

下面介绍 Flash 按钮状态。

按钮是人机进行信息交互的基础，它对鼠标单击事件进行响应。按钮可对按钮静止、将鼠标指针移到按钮上、按下鼠标左键 3 种事件作出响应。这 3 种事件对应着按钮的 4 种状态：①"弹起"（按钮静止）定义按钮的正常显示效果，也就是按钮未被鼠标单击时所显示的效果。②"指针经过"（将鼠标指针移动到按钮上）定义当鼠标指针移到按钮上但不单击它时按钮的效果。一般该状态相对于按钮静止状态应有所改变，比如：可以定义当鼠标指针移到按钮上时按钮进行变色或放大、缩小等，对于文字按钮，可以定义当鼠标指针移到按钮上时文字变色或改变文字的字体等。③"按下"（按下按钮）定义按钮按下时所出现的效果。对于图形按钮来说，按钮被按下时一般会定义得比未被按下时要小一些，这样，当按下按钮时，按钮会自动缩小，出现动态效果。④"点击"（定义按钮响应区域）定义按钮的响应区域。只有在响应区域按下按钮时，系统才能响应按钮按下的事件。

项目27　制作嫦娥二号绕月演示动画

27.1　项　目　任　务

　　使用 Flash CS4 制作嫦娥二号绕月演示动画,动画尺寸宽为 630 像素,高为 350 像素,帧频为 12fps。将制作的动画发布为 SWF 格式,播放器版本为 Flash Player 9。

27.2　技　能　目　标

- ✓ 设置 Flash 文件属性。
- ✓ 导入素材。
- ✓ 制作关键帧过渡动画。
- ✓ 绘制引导路径。
- ✓ 制作引导层动画。
- ✓ 发布 Flash 动画。

27.3　项　目　实　践

27.3.1　新建文件

　　启动 Flash CS4,选择【文件】|【新建】命令或按 Ctrl＋N 组合键,弹出【新建文档】对话框,从【类型】列表框中选择"Flash 文件(ActionScript 2.0)",如图 27-1 所示,单击【确定】按钮,关闭【新建文档】对话框。

　　选择【修改】|【文档】命令或按 Ctrl＋J 组合键,弹出【文档属性】对话框,在【宽】文本框中输入 630 像素,在【高】文本框中输入 350 像素,在【帧频】文本框中输入 12,如图 27-2 所示。单击【确定】按钮,关闭【文档属性】对话框。

27.3.2　制作星空背景

　　从【工具】面板中选择【矩形】工具，设置【笔触颜色】为"无",【填充颜色】为"＃00009e",

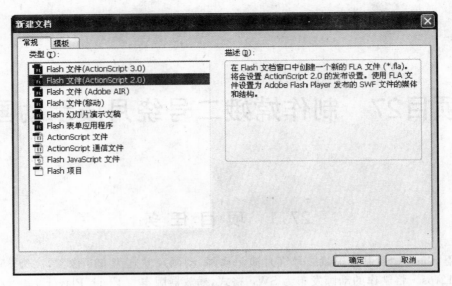

图 27-1 【新建文档】对话框

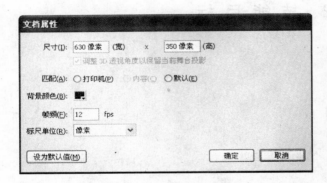

图 27-2 设置文档属性

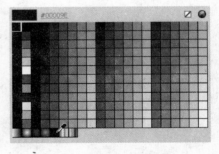

图 27-3 选择星空背景渐变色

如图 27-3 所示。

在舞台上拖动鼠标绘制一个宽为 630 像素、高为 350 像素的渐变矩形。从【工具】面板中选择【渐变变形】工具 ，将渐变中心点调整到舞台的右侧。在"图层 1"图层名称处双击，重命名"图层 1"为"月球背景"。在 120 帧上单击，按 F5 键插入帧，制作月球背景色，如图 27-4 所示。

下面制作星光。在"月球背景"图层中，单击【锁定图层】按钮图标 ，锁定"月球背景"图层。在【时间轴】面板中单击【新建图层】按钮图标 ，新建"图层 2"。在"图层 2"图层名称文字上双击，重命名"图层 2"为"星光"。在【工具】面板中选择【刷子】工具 ，设置笔触颜色为"无"，填充颜色为"#ffffff"，在舞台中多次单击，绘制星光效果。绘制过程中，在【工具】面板中单击【刷子大小】按钮图标 ，从弹出的列表项中选择不同的画笔大小，在【颜色】面板的【Alpha】文本框中输入不同的 Alpha 值，以便改变画笔颜色的透明度，然后在不同位置绘制大小和透明度不同的星光效果，如图 27-5 所示。

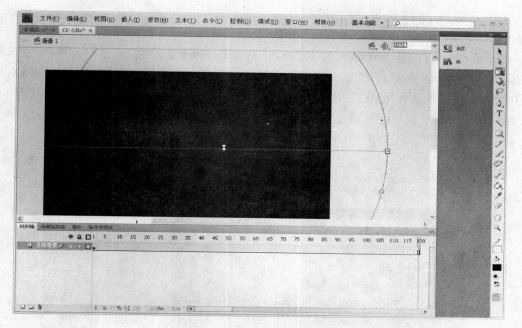

图 27-4 制作月球背景色

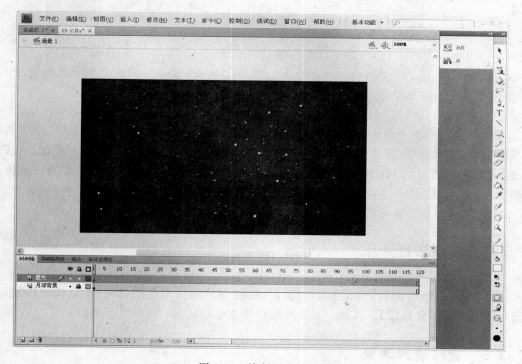

图 27-5 绘制星光效果

27.3.3 导入月球和嫦娥二号

选择【文件】|【导入】|【导入到库】命令,打开【导入】对话框,从素材文件夹中选择"CE-2.png"和"moon.png"图片。单击【打开】按钮,将素材文件导入到【库】面板。在【时间轴】面板中单击【新建图层】按钮图标 ▣ ,新建"图层3",在"图层3"图层名称处双击,重命名"图层3"为"月球"。选择【窗口】|【库】命令或按 Ctrl+L 组合键,打开【库】面板,将"moon.png"元件拖放到渐变背景的中心区域,如图 27-6 所示。

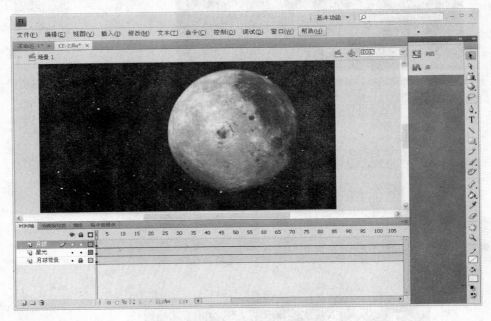

图 27-6　导入月球图片

在【时间轴】面板中单击【新建图层】按钮图标 ▣ ,新建"图层4"。在"图层4"图层名称文字处双击,重命名"图层4"为"嫦娥二号"。将"CE-2.png"拖放到舞台左下角位置。在【时间轴】面板中该图层的 120 帧处单击,按 F6 键插入关键帧。在该帧将嫦娥二号图片拖放到靠近月球的左侧位置。在 1～120 帧之间单击选择任意帧,选择【插入】|【传统补间】命令,在1～120 帧之间创建传统补间动画,如图 27-7 所示。

27.3.4 绘制绕月路径

从【工具】面板中选择【钢笔】工具 ▨ ,先绘制绕月路径的骨架,然后配合使用【转换锚点】工具 ▨ 和【部分选取】工具 ▨ 把绕月路径调整成螺旋状,如图 27-8 所示。

27.3.5 制作绕月动画

选择"嫦娥二号"图层的第 1 帧,在舞台中选择嫦娥二号图片,拖动图片中心对齐绕月路

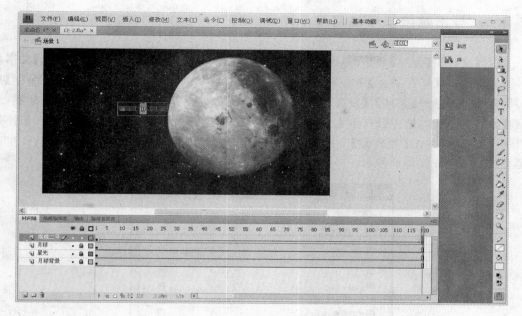

图 27-7 制作嫦娥二号补间动画

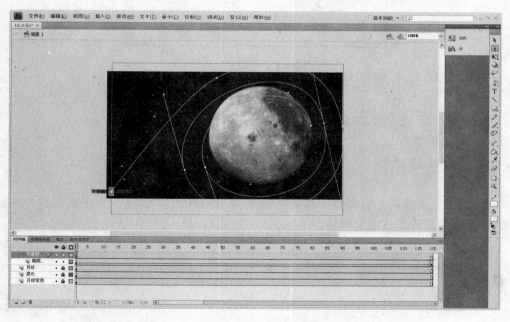

图 27-8 绘制绕月路径

径的起始位置。再选择第 120 帧的嫦娥二号图片,拖动图片中心对齐绕月路径的结束位置,为嫦娥二号指定绕月路径。拖放播放头预览测试路径动画是否创建成功。拖动"月球"图层到最上层,当嫦娥二号绕到月球背后时将被覆盖。

27.3.6 导出嫦娥二号绕月演示动画

选择【文件】|【保存】命令,弹出【另存为】对话框,选择文件保存目录,在【文件名】文本框中输入 CE-2,从【保存类型】下拉列表框中选择"Flash CS4 文档(∗.fla)",单击【保存】按钮,保存文件。选择【文件】|【发布设置】命令,弹出【发布设置】对话框,单击【格式】标签,切换到【格式】选项卡,选中【Flash(.swf)】复选框,如图 27-9 所示。单击【Flash】标签,切换到【Flash】选项卡,单击【播放器】下拉列表框,在弹出的列表项中选择 Flash Player 9。单击【发布】按钮,完成文件的发布。

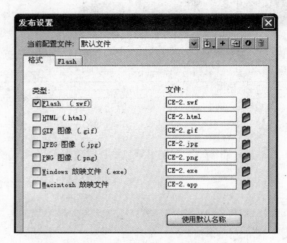

图 27-9 【发布设置】对话框

27.4 知 识 目 标

27.4.1 引导层动画

引导层的主要作用是辅助绘图和创建动画,在动画中可以作为一个对象或多个对象运动的轨迹,此时变成了运行引导层。

27.4.2 动画类型

1. 逐帧动画

逐帧动画的每一帧都是独一无二的画面,适合表现细节变化复杂的动画。制作逐帧动画较为烦琐和耗时,可以借助绘图纸功能来减少一些工作量。

2. 补间动画

补间动画是通过为一个帧中的对象属性指定一个值并为另一个帧中的该相同属性指定

另一个值而创建的动画。补间动画也就是在一个时间点定义对象的位置、大小和旋转等属性,然后在另一个时间点上改变那些属性,中间部分由计算机自动生成两点间的过渡动画。补间动画分为动画补间和形状补间两种,形状补间可以产生一个形状转换为另一个形状的动画,创建方法是在一个时间点绘制形状,然后在另一个时间点更改该形状或绘制另一个形状,再在其中建立形状补间,无须事先将对象转换为元件。若是组、实例、位图图像或文本要创建形状补间,则必须将对象分离,而文字需要分离两次。

27.4.3 补间动画和传统补间之间的差异

Flash 支持创建两种不同类型的补间动画。补间动画提供了更多的补间控制,而传统补间提供了一些用户可能希望使用的某些特定功能。补间动画和传统补间之间的差异如下:

(1)传统补间使用关键帧。关键帧是其中显示对象的新实例的帧。补间动画只能具有一个与之关联的对象实例,并使用属性关键帧而不是关键帧。

(2)补间动画在整个补间范围上由一个目标对象组成。

(3)补间动画和传统补间都只允许对特定类型的对象进行补间。若应用补间动画,则在创建补间时会将所有不允许的对象类型转换为影片剪辑。而应用传统补间会将这些对象类型转换为图形元件。

(4)补间动画会将文本视为可补间的类型,而不会将文本对象转换为影片剪辑。传统补间会将文本对象转换为图形元件。

(5)在补间动画范围上不允许帧脚本。传统补间允许帧脚本。

(6)补间目标上的任何对象脚本都无法在补间动画范围内更改。

(7)可以在时间轴中对补间动画范围进行拉伸和调整,并将它们视为单个对象。传统补间包括时间轴中可分别选择的帧。

(8)若要在补间动画范围中选择单个帧,必须按 Ctrl 键并单击帧。

(9)对于传统补间,缓动可应用于补间内关键帧之间的帧组。对于补间动画,缓动可应用于补间动画范围的整个长度。若要仅对补间动画的特定帧应用缓动,则需要创建自定义缓动曲线。

(10)利用传统补间,可以在色调和 Alpha 透明度之间创建动画。补间动画可以对每个补间应用一种色彩效果。

(11)只可以使用补间动画来为 3D 对象创建动画效果。无法使用传统补间为 3D 对象创建动画效果。

(12)只有补间动画才能保存为动画预设。

(13)对于补间动画,无法交换元件或设置属性关键帧中显示的图形元件的帧数,而使用传统补间可以实现。

项目28　制作汽车Flash流光广告

28.1　项目任务

使用 Flash CS4 制作汽车流光 Flash 广告,成品宽度为 300 像素、高为 200 像素。将制作的动画发布为 SWF 文件,播放器版本为 Flash Player 9。

28.2　技能目标

- ✓ 定义 Flash 文档属性。
- ✓ 绘制图形对象。
- ✓ 创建元件与转换元件。
- ✓ 插入普通帧与关键帧。
- ✓ 制作补间动画。
- ✓ 制作遮罩层动画。
- ✓ 发布动画。

28.3　项目实践

28.3.1　新建 Flash 文档

启动 Flash CS4,选择【文件】|【新建】命令或按 Ctrl＋N 组合键,弹出【新建文档】对话框,从【类型】列表框中选择"Flash 文件(ActionScript 2.0)",如图 28-1 所示,单击【确定】按钮,关闭【新建文档】对话框。

设置文档属性。在【属性】面板中单击【编辑】按钮,弹出【文档属性】对话框,在【宽】文本框中输入 300,在【高】文本框中输入 200,其他参数设置如图 28-2 所示。单击【确定】按钮,关闭【文档属性】对话框。

选择【文件】|【保存】命令或按 Ctrl＋S 组合键,弹出【另存为】对话框,选择文件保存目录,在【文件名】文本框中输入"汽车过光. fla",从【保存类型】下拉列表框中选择"Flash CS4 文档(* . fla)",如图 28-3 所示,单击【保存】按钮保存文件。

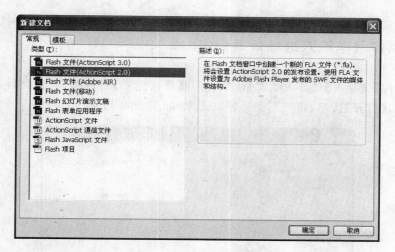

图 28-1 【新建文档】对话框

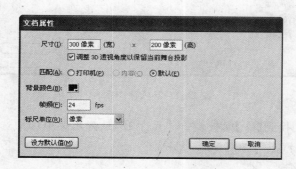

图 28-2 文档属性的设置

图 28-3 【另存为】对话框

单击【缩放比例】下拉列表框的下三角按钮 ，从下拉列表项中选择"符合窗口大小"。

28.3.2 制作汽车淡入进场效果

选择【文件】|【导入】|【导入到库】命令,打开【导入到库】对话框,从素材目录中选择"汽车.png",单击【打开】按钮,将汽车图片导入到库,如图 28-4 所示。

图 28-4 导入汽车图片

单击【库】标签,切换到【库】面板,右击"元件 1",从弹出菜单项中选择【重命名】命令,将"元件 1"改名为"图形汽车",如图 28-5 所示。

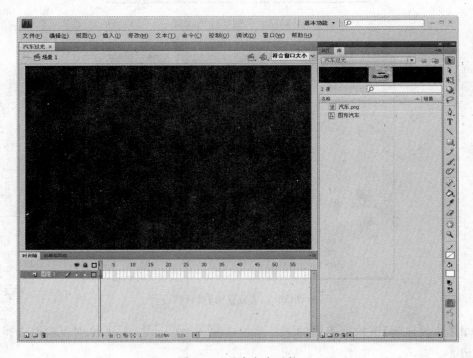

图 28-5 重命名库元件

拖动"图形汽车"元件到舞台中。单击【属性】标签,切换到【属性】面板,在【位置和大小】选项区中,在【X】文本框中输入0,在【Y】文本框中输入0,使"图形汽车"元件刚好覆盖整个舞台区域。在【时间轴】面板中"图层1"图层名称处双击,将"图层1"改名为"汽车",制作第1帧,如图28-6所示。

图28-6 制作第1帧

在【时间轴】面板中,在"汽车"层的第12帧处单击,按F6键插入关键帧,如图28-7所示。

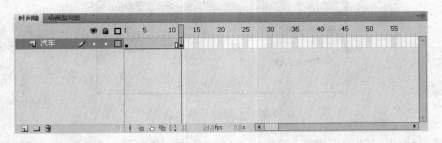

图28-7 插入关键帧

选择"汽车"图层的第1帧,选择【插入】|【传统补间】命令,在第1~12帧间创建补间动画。在舞台中选择汽车图片,单击【属性】标签,切换到【属性】面板,单击【色彩效果】右三角按钮▶,展开【色彩效果】选项区,从【样式】下拉列表框中选择Alpha,在"Alpha"文本框中输入为0,使"汽车图形"元件在第1帧完全透明,从而制作出淡入动画,如图28-8所示。

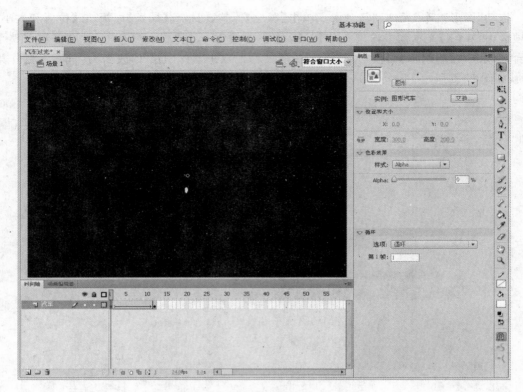

图 28-8　制作淡入动画

28.3.3　制作车轮滚动效果

选择【插入】|【新建元件】命令或按 Ctrl＋F8 组合键,弹出【创建新元件】对话框,在【名称】文本框中输入"车轮滚动",从【类型】下拉列表框中选择"影片剪辑",如图 28-9 所示。单击【确定】按钮,进入影片剪辑编辑模式。

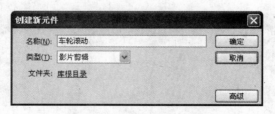

图 28-9　新建影片剪辑

打开【库】面板,将"图形汽车"元件拖动到舞台中,在【时间轴】面板中,在"图层 1"图层名称文字上双击,将"图层 1"改名为"参照"。单击【图层锁定】按钮图标 🔒 ,锁定参照层。如图 28-10 所示。

在【时间轴】面板中单击【新建图层】按钮图标 🔲 ,新建"图层 2",在"图层 2"图层名称文字上双击,将"图层 2"改名为"车轮",如图 28-11 所示。

在【工具】面板中选择【缩放】工具 🔍 ,拖动鼠标绘制一个包围汽车前轮的缩放区域,前

图 28-10 建立光线参照层

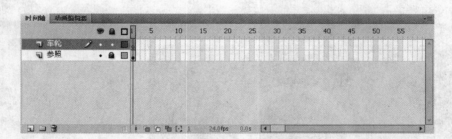

图 28-11 新建"车轮"图层

轮要最大化显示,以便绘制车轮轮廓。在【工具】面板中选择【椭圆】工具 ◯ ,切换到【属性】面板,笔触颜色为"♯dddddd",填充颜色为"无",笔触为2,按住 Alt 键从车前轮中心位置绘制椭圆形。在【工具】面板中选择【任意变形】工具 ▓ ,对椭圆进行调整,使其刚好跟轮胎的内圈衔接,如图 28-12 所示。

在【时间轴】面板中,在"车轮"图层的第12帧处单击,按F5键插入帧,再锁定该图层,如图 28-13 所示。

在【时间轴】面板中,单击【新建图层】按钮图标 ▣ ,新建"图层 3"。在"图层 3"图层名称文字上双击,将"图层 3"改名为"前轮光线"。在【工具】面板中选择【矩形】工具 ▢ ,设置笔触颜色为"无",填充颜色为"♯ffffff",从车前轮顶部向下绘制矩形。从【工具】面板中选择【任意变形】工具 ▓ ,对矩形进行大小调整,如图 28-14 所示。

图 28-12　绘制椭圆并调整

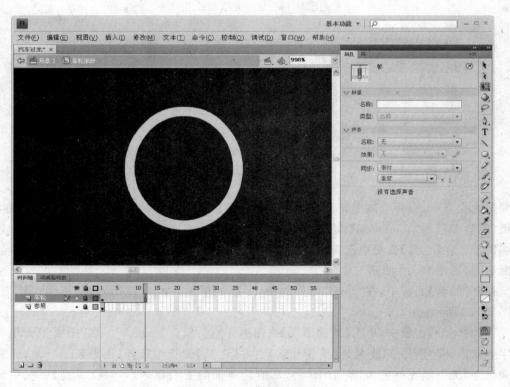

图 28-13　插入帧并锁定图层

图 28-14　绘制矩形并调整

选择刚才绘制的矩形,选择【修改】|【转换为元件】命令或按 F8 键,弹出【转换为元件】对话框,在【名称】文本框中输入"车轮光线",从【类型】下拉列表框中选择"图形",如图 28-15 所示。

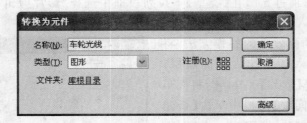

图 28-15　转换元件

选择"前轮光线"图层的第 12 帧,按 F6 键插入关键帧。选择"前轮光线"图层的第 1 帧,选择【插入】|【传统补间】命令,在 1～12 帧中插入传统补间。切换到【属性】面板,在【补间】选项区,从【旋转】下拉列表框中选择"逆时针",在【旋转次数】文本框中输入 1。右击"前轮光线"图层,从弹出的菜单项中选择【遮罩层】命令;右击"参照层"图层,从弹出的菜单项中选择【删除图层】命令。结果如图 28-16 所示,单击【场景 1】按钮图标 ，回到主场景。至此,车轮滚动的动画制作完毕。

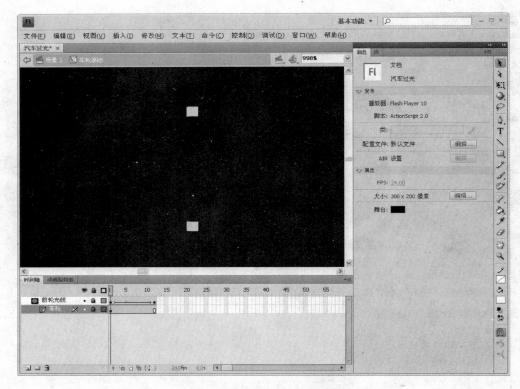

图 28-16　制作"车轮滚动"元件

28.3.4　制作车顶过光效果

选择【插入】|【新建元件】命令或按 Ctrl＋F8 组合键,弹出【创建新元件】对话框,在【名称】文本框中输入"车顶过光",在【类型】下拉列表框中选择"影片剪辑",如图 28-17 所示。单击【确定】按钮,进入影片剪辑编辑模式。

参照车轮滚动动画效果的制作方法,将"图形汽车"元件插入场景作为参照图层。在【工具】面板中选择【缩放】工具 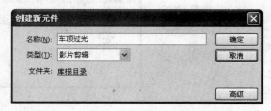 ,将汽车最大化显示。在【时间轴】面板中单击【新建图层】按钮图标 ,新建"图层 2"。在"图层2"图层名称文字上双击,将"图层 2"改名为"车顶线条"。在【工具】面板中选择【钢笔】

图 28-17　新建"车顶过光"影片剪辑

工具 ,配合【部分选取】工具 ,在舞台上绘制车顶线条,设置笔触宽度为 0,填充颜色为"♯ffffff",Alpha 值为 60%,在该图层的第 12 帧处按 F5 键插入帧,如图 28-18 所示。

在【时间轴】面板中单击【新建图层】按钮图标 ,新建"图层 3"。在"图层 3"图层名字上双击,将"图层 3"改名为"车顶光线"。在【工具】面板中选择【矩形】工具 ,设置笔触颜色为"无",从车顶部向下拖动绘制矩形,使矩形高度略大于两条车顶光线高度。选择【任意变形】工具 ,对矩形大小进行调整,如图 28-19 所示。

图 28-18 绘制车顶线条

图 28-19 制作车顶光线的遮罩图形

在"车顶光线"图层的第 12 帧处,按 F6 键插入关键帧。选择该帧的矩形块,移动到车尾位置。选择该层第 1 帧,选择【插入】|【传统补间】命令,右击"车顶光线"图层,从弹出的菜单项中选择【遮罩层】命令。右击"参照"图层,从弹出的菜单项中选择【删除图层】命令,结果如图 28-20 所示。单击【场景 1】按钮图标 ，回到主场景。至此,车顶过光效果制作完毕。

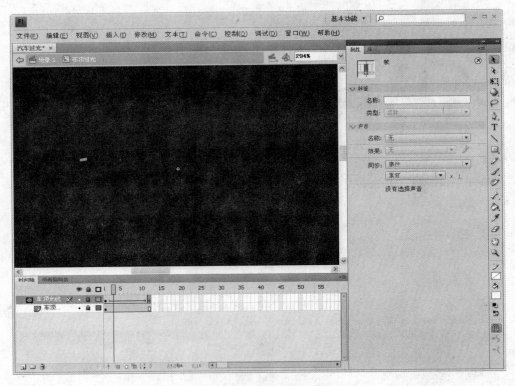

图 28-20　车顶过光图层结构

28.3.5　整体过光效果的组合

锁定【汽车】图层以防无意被修改。在【时间轴】面板中单击【新建图层】按钮图标 ，新建"图层 2"。在"图层 2"图层名称的文字处双击,将"图层 2"改名为"过光",在该图层的第 12 帧处,按 F6 键插入关键帧。从【库】面板中将"车轮滚动"和"车顶过光"2 个影片剪辑拖放到舞台中,调整影片剪辑的叠加位置,使"车轮滚动"影片剪辑跟"汽车"图层的车轮对齐,使"车顶过光"影片剪辑跟"汽车"图层的车顶对齐,如图 28-21 所示。

在【时间轴】面板中单击【新建图层】按钮图标 ，新建"图层 3"。在"图层 3"图层名称的文字处双击,将"图层 3"改名为"脚本"。在该图层的第 12 帧处按 F6 键插入关键帧,按 F9 键打开【动作】面板,在【动作】面板的代码区为该帧加入"stop();"指令,使动作播放到该帧自动停止,并循环播放过光效果,如图 28-22 所示。

图 28-21　组合过光效果

图 28-22　添加脚本

28.3.6 发布动画

选择【文件】|【保存】命令,弹出【另存为】对话框,选择文件保存目录,在【文件名】文本框中输入"汽车过光",从【保存类型】下拉列表框中选择"Flash CS4 文档(＊.fla)",单击【保存】按钮保存文件。

选择【文件】|【发布设置】命令,弹出【发布设置】对话框,单击【格式】标签,切换到【格式】选项卡,选中【Flash(.swf)】复选框。单击【Flash】标签,切换到【Flash】选项卡,从【播放器】下拉列表框中选择 Flash Player 9,单击【发布】按钮,完成文件的发布,如图 28-23 所示。

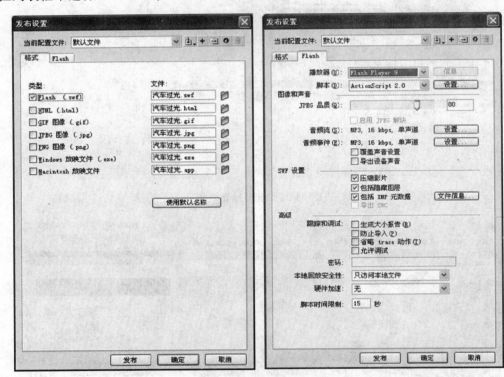

图 28-23　设置发布参数

28.4　知　识　目　标

28.4.1　Flash 动画制作流程

动画制作流程大致可分为素材准备、创作动画、测试和输出动画三个步骤。①素材准备。素材包括图片、文字、音效、视频剪辑等。②创作动画。先确定画面的尺寸和帧频,然后按脚本或情节导入素材,控制好素材的时间和空间位置,根据需求加入音乐和视频。如果想让动画具有人机交互能力,则需要为动画添加脚本。③测试和输出动画。动画完成后,经反复测试和修改,最后将动画输出为 SWF、AVI 或 MOV 格式。

28.4.2 元件的类型

元件是存储于库中能够被重复使用的对象,合理地使用元件,可以方便用户批量修改重复的元素,以及显著地减小 Flash 文件的大小。

实例是指元件被拖入舞台后所产生的元件副本,是基于元件派生出的大量完全相同的复制品。

图形元件主要是指动画中能够重复使用的静态图片,该类型无法添加脚本和声音。

影片剪辑是一段独立播放的小动画,它拥有自己的时间轴,能够循环播放,影片剪辑可以包含脚本和声音,并且可以嵌套其他的元件,或是被其他元件嵌套。

按钮的作用在于配合脚本来触发对用户鼠标操作的反应,从而方便人机交互。按钮元件有弹起、指针经过、按下和点击四种状态,除单击状态外,另外三种状态播放时均可见,在四种状态中可以嵌套其他元件或声音素材。

28.4.3 按钮的四种状态

弹起是指鼠标没有操作前按钮的原始状态。指针经过是指当鼠标移动到按钮上时所显示的按钮状态。按下是指当鼠标按下此按钮时所显示的状态。点击是指用户按下鼠标左键时鼠标指针指向按钮的状态。

28.4.4 遮罩层动画

遮罩层用来定义下面图层中内容的可见区域,遮罩可以是填充形状、文字对象、图形元件和实例或影片剪辑。

28.4.5 常用脚本命令

stop():停止动画。

gotoAndPlay():跳到指定位置并播放。

prevFrame():跳转到上一帧。

nextFrame():跳转到下一帧。

getURL():为对象添加超级链接。

loadMovie():载入外部电影。

第四篇　音频录制与编辑

模块分解	项 目 名 称	硬件、软件与素材
录音与编辑	项目 29　录制专题片解说	Adobe Audition 3.0
音效制作	项目 30　制作足球场掌声混响音效	Adobe Audition 3.0

项目29　录制专题片解说

29.1　项目任务

使用 Adobe Audition 3.0 为广东农工商职业技术学院宣传片配音,对录音文件进行降噪处理,将录音结果保存为"解说录音.wav",要求录音清晰、声音洪亮、停连合理、节奏明快。

29.2　技能目标

- ✓ 配音设计。
- ✓ 录音设备的准备。
- ✓ 设备连接。
- ✓ 录音音量控制。
- ✓ 录音降噪。
- ✓ 保存录音文件。

29.3　项目实践

29.3.1　设备准备与连接

准备一只麦克风、一只耳机和一台计算机,在计算机上安装录音软件 Adobe Audition 3.0。将麦克风插入声卡麦克风接口(粉红色),耳机插入声卡耳机接口(淡绿色),如图 29-1 所示。

图 29-1　声卡接口

29.3.2 设置声卡

在 Windows 任务栏中双击【音量】按钮图标，弹出【主音量】面板，如图 29-2 所示。

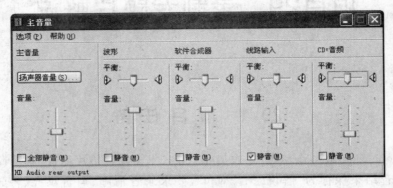

图 29-2 【主音量】面板

选择【选项】|【属性】命令，弹出【属性】对话框，选择【录音】单选按钮。单击【混音器】下拉列表框的下三角按钮，从弹出列表项中选择当前计算机声卡可用的录音通道，如图 29-3 所示。最后单击【确定】按钮，弹出【录音】面板，拖动音量滑块到音量刻度线顶端。选择【选项】|【高级控制】命令，弹出【麦克风 的高级控制】对话框，选择【麦克风加强】复选框，如图 29-4 所示。单击【关闭】按钮，关闭【麦克风 的高级控制】对话框。

图 29-3 选择录音通道

29.3.3 试录

启动 Adobe Audition 3.0，单击【多轨】按钮图标，进入【多轨视图】模式。选择【文件】|【新建会话】命令或按 Ctrl＋N 组合键，弹出【新建会话】对话框，在【采样率】列表框中选择 44100，如图 29-5 所示。单击【确定】按钮，创建会话。

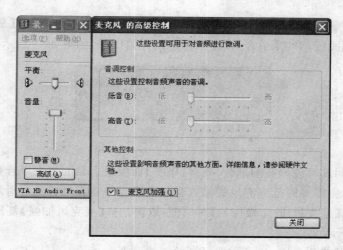

图 29-4 录音音量的控制

图 29-5 【新建会话】对话框

在"音轨1"中单击【录音备用】按钮图标 R，弹出【保存会话为】对话框，选择会话文件的保存目录，在【文件名】文本框中输入"解说录音"，如图 29-6 所示。单击【保存】按钮，此时"音轨1"进入录音准备就绪状态。

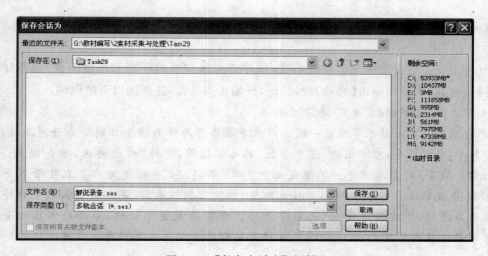

图 29-6 【保存会话为】对话框

在窗口底部【电平】面板的黑色矩形区域右击,从弹出菜单项中选择【显示所有仪表】命令,打开【传送器】面板,单击【录音】按钮图标 ,开始试录,如图29-7所示。

图 29-7　启动试录

对着麦克风朗读解说词高潮部分,观察【电平】面板最上面的麦克风音量电平指示,如果录音时电平过大,则需要降低麦克风的输入音量大小。将麦克风音量的滑块下移,或者单击【高级】按钮,弹出【麦克风 的高级控制】对话框,取消选择【麦克风加强】复选框,以降低录音音量,如图29-8所示。

当录音电平调节到合适大小后,即可开始正式录音。

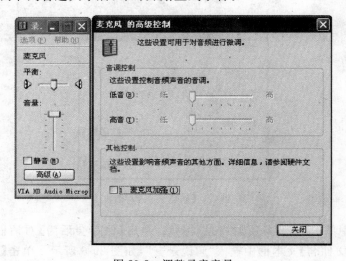

图 29-8　调整录音音量

29.3.4　正式录音

保持上一步的麦克风音量设置不变,保持麦克风与嘴的距离和角度不变,准备好解说稿,在【传送器】面板中单击【录音】按钮 ,开始正式录音,并诵读以下解说词:

大学之道,在明德,在亲民,在止于至善。

广东农工商职业技术学院是一所由广东省农垦总局举办的全日制公办普通高校,秉承"艰苦奋斗,自强不息,难中求进,进中求优"的办学精神,坚持"以德为魂,学会做人;以能为本,学会做事"的育人宗旨。学院成立于1952年,1984年改建为广东农垦管理干部学院,2000年改制为广东农工商职业技术学院,学院改制以来,在高职教育实践中始终坚持"以服务为宗旨,以就业为导向"的办学方针。学院是教育部授权,省政府审批的全国首批38所职业技术学院之一。2005年被评为高职高专院校人才培养工作水平评估"优秀"等级。

学校现由一个校区拓展为一校三区,总占地面积1208亩,全日制在校生16000多人。固定资产总值为5.2亿元,其中教学仪器设备总值为6800万元;校内实验实训室137个,校外实习实训基地900多个。拥有国家级高职高专教育实训基地1个,省级高职高专教育实训基地3个。学院重视数字化校园建设,实现了三校区千兆光纤高速互连。学院扎实推进校园文化建设,特别是南亚热带作物产业特色和国际化的文化特色。

学院现有一支学历结构、年龄结构合理,富有创造力的师资队伍,学院提出构建核心技能十核心知识的"双核"专业人才培养模式,按照"以农为主导,带动工商两翼,三者融合发展"的特色定位,以及"'农'字做优做特,'工'字做大做强,'商'字做名做精,兼顾人文艺术"的专业定位,提出了"一系一专业,一专业一课程"的重点专业、课程建设思路和要求。

举办高职教育10年来,学院在发展规模和内涵建设上均取得了显著成绩。课程建设以典型工作过程为导向,建立了突出职业能力培养的课程模块和课程标准;通过企业参与、校企融合,实现了课程体系、教学内容的整体优化,形成工学结合特色鲜明的课程体系和教学模式。目前拥有教育部教学改革试点专业1个,省级示范性专业4个,省级示范性建设专业2个;国家、省级精品课程共9门,省级教学名师1人;教师主、参编国家和省部级(规划)教材200多部,主编国家"十一五"规划教材4部;已获省级教改成果奖一等奖1项,二等奖2项,承担省级以上教改项目25项。

学院招生范围遍及10个省、自治区,建院25年来已培养各类毕业生4万多名,其中不少已成为大中型企业和地方党政部门的中高层管理人员或技术骨干。近3年新生报到率均达90%左右,毕业生就业率达97%以上,用人单位对毕业生的综合评价优良率达88.6%,位居全省同类院校前列。学院积极推行弹性教学周和灵活学期制,推广"导师制",推进双语教学改革。

学院积极引进优良教育资源,与德、英、美、新加坡等国家的一些院校结为伙伴,积极开展国际实习、实训、就业。学院与英国爱德思国家职业学历与学术考试机构合作举办的BTEC教育项目,是广东省教育厅中英职业教育合作试点项目,被英方确认是中国地区办得最好、规模最大的BTEC教育机构。

学院充分发挥"华南农垦干部培训中心"这一平台的作用,积极承担全国农垦系统在职干部、职工的继续教育任务,每年培训各类管理人员2000多人。培训范围辐射粤、琼、桂、浙、豫、皖、鄂、川、沪、新等10多个省市自治区。学院与广百集团等国内外大中型企业深度合作,培养高级专业技术人才。

学院重视学生整体素质的培养和提高,探索了"教师指导与学生自主结合、党团组织与学生社团结合、专业学习与社会活动结合"的培养途径,营造了健康、和谐的育人氛围,通过门类较全的学生学术刊物和社团活动,全面提高学生的综合素质。

十年磨一剑,扬帆正当时。广东农工商职业技术学院将乘着"继续解放思想,坚持改革开放"的强劲东风,迈着稳健的步伐,与时俱进,为努力创建省内一流、全国知名、东南亚有影响的高职院校而努力!

录音完毕后,单击【停止】按钮图标■,停止录音。在"音轨1"中单击【录音备用】按钮图标R,取消该轨的录音状态。选择【文件】|【保存会话】命令或按Ctrl+S组合键保存会话。

29.3.5　降噪

双击"音轨1"的波形区域,切换到【编辑】视图。在整个波形中寻找解说停顿较大的几个区域,在【缩放】面板中单击【缩放至选区】按钮，将选区水平放大。如果噪声波形显示不明显,在【缩放】面板中单击【垂直放大】按钮，将选区垂直放大,然后从中选择一个停顿区间噪声波形稳定、波形没有突变的区域,拖动鼠标选择该噪声区域波形,如图29-9所示。

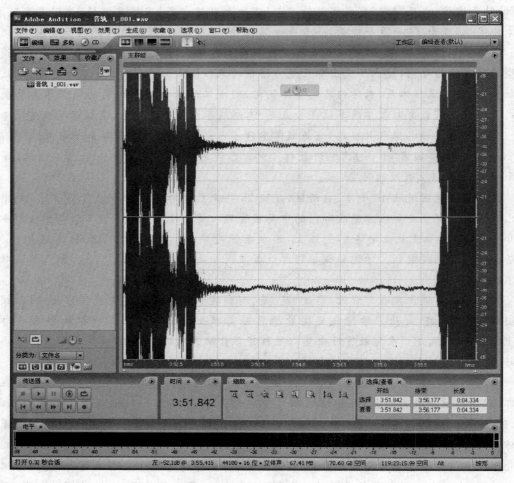

图 29-9　选择噪声波形区域

按空格键播放噪声区域,并结合波形形态选出噪声稳定的片段作为噪声样本采集区域,拖动鼠标选择噪声样本区域,如图29-10所示。

选择【效果】|【修复】|【采集降噪预置噪声】命令或按 Alt＋N 组合键,弹出【采集降噪预置噪声】对话框,如图29-11所示。单击【确定】按钮,完成噪声样本采集,并将该样本作为下次降噪的参照。

在【缩放】面板中单击【全屏缩小】按钮图标，显示所有波形。选择【编辑】|【选择整个波形】命令或按 Ctrl＋A 组合键,全选整个录音文件。选择【效果】|【修复】|【降噪器(进程)】

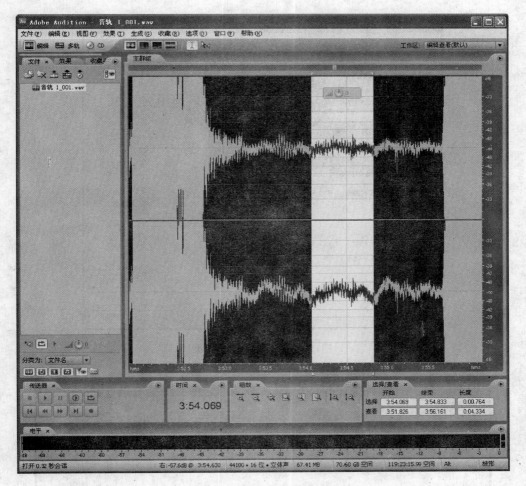

图 29-10 选择样本采集区域

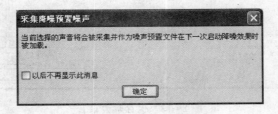

图 29-11 噪声样本预采集提示

命令,弹出【降噪器】对话框,反复调整【降噪级别】滑块位置,【降噪级别】参数设置是控制降噪和保持录音原音质量的关键。单击【试听】按钮,试听降噪效果。如图 29-12 所示,对降噪参数设置满意后单击【确定】按钮,关闭【降噪器】对话框,执行降噪。

选择【文件】|【另存为】命令,弹出【另存为】对话框,选择录音文件的保存目录,在【文件名】文本框中输入"解说录音",从【保存类型】下拉列表框中选择 Windows PCM(＊.wav;＊bwf),如图 29-13 所示,单击【保存】按钮保存文件,并关闭【另存为】对话框。

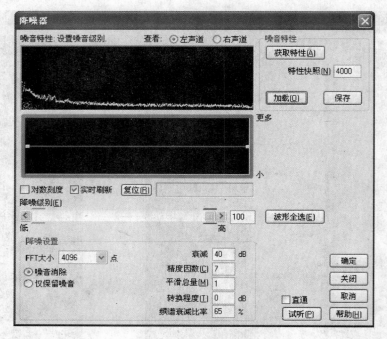

图 29-12　录音文件的降噪

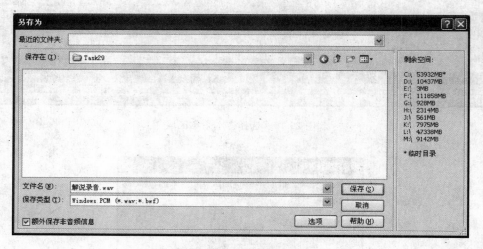

图 29-13　保存解说录音

29.4　知　识　目　标

29.4.1　配音流程

配音流程如图 29-14 所示。

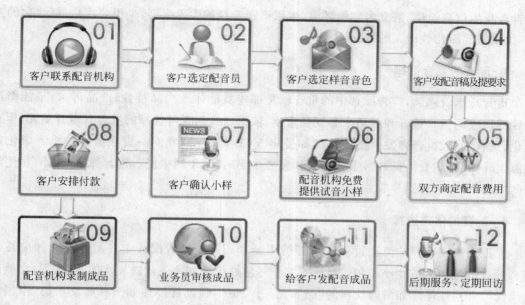

图 29-14　配音流程

29.4.2　配音的声音设计

1. 配音的音色选择

音色是指声音的特色,音色由发音体、发音方式、共鸣器形状所决定。

音色按性别可分为男声和女声。成年男声是广告配音中的优势音色,居第二位的是女性音色。成年男声占了整个音色统计总数的 79∶86％,是女性音色的 6 倍多。男性音色的主要特征是宽厚、稳健、果决、坚定、沉着,并有外张力,这种音色心理又与安全、力量、成功、可靠、信任、保护等若干男性的行为特征联系在一起。女性音色的主要特征是文雅轻柔、温和柔弱、亮丽清纯、甜而不腻、美而不妖,这种音色心理又与温柔细腻、浪漫多情等女性行为特征联系在一起。

音色按年龄可分为少儿、青年、中年和老年。少儿的声音形象是天真烂漫、活泼可爱,应多带些稚气,少带些霸气、娇气。在电视广告中,经常见到胖乎乎、憨态可掬、乖巧可爱的小宝宝为奶粉、尿不湿、儿童零食等提供配音。青年的声音形象是朝气蓬勃、充满活力,具有鲜明的时代感和强烈的动作感。中年的声音形象是沉稳、醇厚、成熟、自信,对他人持一种宽容态度,对自己抱一种责任感。老年的声音形象注重精气神儿,稳重、厚实、醇和、老成,言语通俗易懂。

音色按发音方式可分为醇和音、宽厚音、稳健音、果决音、沉静音、轻柔音、圆润音、活泼音、沙哑音、脆亮音等。

2. 配音的音量选择

音量是指声音的强弱、轻重、大小。广告配音中的音量受到广告内容的不同或者是同一广告中信息地位和语义内容不同等因素的制约。广告音量应该跟广告创意相配合,跟广告语言自身的信息地位、语义内容相呼应,少用高强音量的尖吆喝型,少用公式化、概念化的声音,少用板起面孔教训人的"训导腔"。

3. 配音的重音选择

重音意味着强调,广告配音中的重音就是那些最能体现产品特性、产品诉求,最能彰显个性的词或词组。重音和强调未必就是重读,依据广告创意可选择的重音有重音重读、重音虚化、重音延长、重音弹发。重音重读如爱多 VCD 广告的"我们一直在努力",重音虚化如三源美乳霜的"做女人挺好",重音延长如蒙牛牛奶的"蒙牛纯牛奶",重音弹发如 SK-Ⅱ化妆品的"在你的脸上弹钢琴"。

4. 配音的停连选择

停连是指在有声的流动过程中声音的中断和连接。广告配音中典型停连有呼应性停连、并列性停连、强调性停连和转换性停连。呼应性停连如海飞丝洗发水的"有头屑/当然用海飞丝",并列性停连如雪碧饮料的"晶晶亮/透心凉",强调性停连如玉林柴油机的"中国动力,玉柴机器",转换性停连如新飞冰箱的"新飞广告做得好,不如新飞冰箱好"。

5. 配音的语气选择

语气是指一定的思想感情支配下体现的表达语句的声音形式。语气的设计在广告配音中既是对目标消费群认定的一种对象感的外化,又明确了产品定位,树立了产品形象。如清逸洗发水广告"有头屑,不可以;不顺滑,不可以——我要清逸!"中,少女倔强、任性、不服输的语气表现出对发质的追求,暗示着产品的去屑和顺滑的品质。

6. 配音的节奏选择

广告配音中的节奏反映了全篇稿件声音的抑扬顿挫、轻重缓急变化。节奏可分为高亢型、紧张型、轻快型、低沉型、舒缓型和凝重型。高亢型如千里马汽车的"心有多野,未来就有多远!"

7. 配音的声音造型选择

配音用的声音造型分为典雅型、力量型、温柔型、亲切型和幽默型。典雅型广告的配音,气松声缓,声轻不着力,语势多平稳,表现的是一种优雅、超凡脱俗的气质;力量型广告的配音,气魄大,铿锵有力,感情豪迈,它弘扬一种积极向上、乐观坚韧的精神;温柔型的广告配音,往往蕴含着温和之情、柔和之意,具有贴近消费者、软化情感的效应,配音时声音轻柔,语气温馨,节奏舒缓;亲切型的广告配音,可拉近产品与消费者之间距离,语气中透着关心,配音时要特别注意生活化,气息和口腔控制都可以呈生活中的随意状态,甚至语音上也可以不那么规范,带着各种地方味儿和时代色彩;幽默型的广告配音,具有脱离功利性的特点和直白感,让受众更容易接受,但要注意不可喧宾夺主,使幽默过了头,以至于淹没了广告产品的品牌。

29.4.3　数字音频系统构成

现在的普通计算机本身就是一套简单的数字音频应用系统。要达到数字音频制作系统,则需要以下音频设备支持。

1. 专业声卡

声卡是数字音频系统的核心设备,主要完成录音、播放和音乐合成三大功能。集成声卡因信噪比较差不适合用于计算机音乐制作,选用专业音频卡是提高信噪比的最有效的方法,如 MAYA Pro。

2. 调音台

调音台一般用于扩展音频接口上有限的输入端口和输出端口,可以把几个话筒接到调音台上,最后从调音台输出到计算机音频接口上,也可以把乐器接到调音台上,将乐器音输入声卡的同时提供乐手一个耳机监听通道。调音台典型产品为 Alesis MultiMix 12R、MACKIE ONYX 1220。

3. 监听音箱与耳机

普通计算机音箱和耳机难于高保真重放声音,一般用作普通音乐欣赏,不能达到音乐制作中的监听级别。监听音箱价格较高,小型数字音频系统可以用监听耳机来代替监听音箱。监听耳机典型产品有 AKG K240DF、Beyerdynamic(拜亚动力)DT990、SONY MDR 7509HD 等。

4. 话筒

话筒是整个录音系统拾取声音的最重要设备。从话筒类型可分为动圈式话筒和电容式话筒,专业录音棚录音多用电容式话筒,电容话筒的灵敏度很高,录出来的声音清晰;而演唱会多用动圈式话筒,偏低的灵敏度可以隔离环境噪声。从话筒指向性来看,可分为全指向式、单一指向式和双指向式。全指向式用于收录整个环境声音的录音工程,单一指向式多为手持式话筒和卡拉 OK 娱乐系统用话筒。典型产品如:AKG C414 系列(爱科技网址 http://www. akg. com/)、RODE NTK(网址 http://www. rode. com. au/microphones. php)、Neumann M149 Tube(网址 http://www. neumann. com/?id=current_microphones&lang=en),有兴趣的读者请登录官方网站了解更多产品和详情。

5. MIDI 键盘

采用"鼠标+键盘"来输入音乐不仅效率低,演奏者也难于习惯,配置 MIDI 键盘可以大大提高音乐制作效率,使输入音乐更方便快捷。

29.4.4　改善录音质量建议

1. 严格控制录音环境噪声

最好是在录音棚,或者在安静的地方,或者到深夜噪声几乎停止了以后再开始录音,尽可能将噪声隔离在录音间外,应远离噪声源,降低计算机主机噪声,关闭录音间有噪声的设备(如风扇和空调)。

2. 保持足够的录音音量

录音时要尽可能大声、清晰,一方面要提高人声的音量;另一方面要使录音设备音量设置尽可能大,必要时增加话筒放大器或调音台来对话筒输入的信号进行放大。

3. 正式录音过程中别动话筒

使用话筒座或用吊架把话筒从天花板上悬挂下来是减少噪声的好方法,因为任何对话筒、电缆或话筒底座的摩擦都会产生噪声。

4. 正式录音过程中要保持嘴与话筒的距离和角度不变

把话筒放在嘴的上面、下面或一侧约 20 厘米处,可以减少人为的噪声,录音时不要左右或前后晃动。

5. 保持录音的一致性

对同一产品进行配音,应尽量保持录音设备、配音员、录音环境和后期处理参数不变。

项目30 制作足球场掌声混响音效

30.1 项 目 任 务

使用 Adobe Audition 3.0 把素材"掌声.wav"制作成足球场混响效果,再转换成单声道的"掌声.mp3"音频文件格式,为网络动画制作提供音效素材。

30.2 技 能 目 标

✓ 制作混响音效。
✓ 保存参数设置。

30.3 项 目 实 践

下面介绍如何制作演讲厅的混响效果。

启动 Adobe Audition 3.0,单击【编辑】按钮图标 ,切换到【编辑】视图。选择【文件】|【打开】命令,弹出【打开】对话框,选择"掌声.wav",如图 30-1 所示。单击【打开】按钮打开文件。

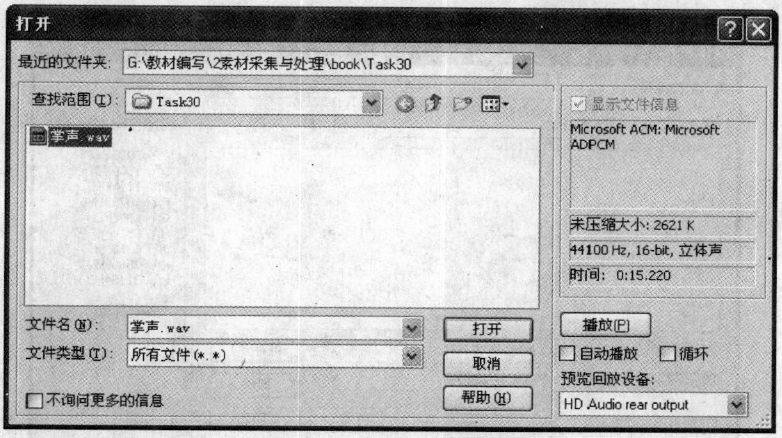

图 30-1 打开素材文件

选择【效果】|【混响】|【完美混响】命令,弹出【VTS插件-完美混响】对话框,单击【预设效果】下拉列表框的下三角按钮,从弹出下拉列表项中选择 Football Referee,参数保留默认值,如图 30-2 所示,单击【确定】按钮,生成足球场混响效果。

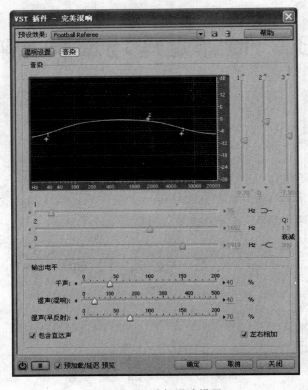

图 30-2　足球场混响设置

选择【文件】|【另存为】命令或按 Shift＋Ctrl＋S 组合键,弹出【另存为】对话框,选择保存文件目录,在【文件名】文本框中输入"掌声(成品).MP3";单击【保存类型】下拉列表框,从下拉列表项中选择 mp3PRO?(FhG)(＊.MP3)。显示效果如图 30-3 所示。

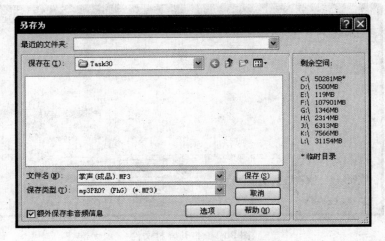

图 30-3　保存为 MP3 格式

单击【选项】按钮,弹出【MP3/mp3PRO? 编码器选项】对话框,从【预置】下拉列表框中选择"128Kbps 立体声(互联网)",选择【转换为单声道】复选框,如图 30-4 所示,单击【确定】按钮,回到【另存为】对话框,单击【保存】按钮,保存音效文件。

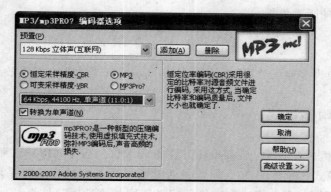

图 30-4 保存为单声道的语音文件

30.4 知 识 目 标

30.4.1 常用音效术语

1. 混响

混响用于模仿声音的空间感效果,加强声音的空间性和层次感,让声音听上去更饱满、润泽,有空间感,并可使人声和伴奏更好地融合。

2. 合唱

合唱是在原始声音的基础上加入高低不同、长短不一的各种类似音色组合而成的新的声音,听上去就像很多人在一起合唱一样。其主要用于歌曲的伴唱人声处理之中,能够让伴唱的和声声部更加丰富,听上去更饱满。

3. 均衡

均衡用来调节声音各个频段的音量增益大小,主要用于调节人声在音乐中的混合程度,是歌曲后期制作中不可缺少的重要效果。如果觉得录制的人声尖厉、刺耳,可以通过衰减 2～16kHz 之间的高频区域来缓解;如果录制的人声浑浊不清、发闷,可以通过衰减 250Hz 以下的低频区域并同时提升 2kHz 以上的高频区域来缓解。

4. 压限器

压限器自动调整声音电平的动态范围,用于压缩动态范围。经过压限的声音听起来更饱满、有力,声音小的地方听起来不费劲,声音很大的地方也不震耳。

5. 延迟

延迟是一种在原始人声基础上加入了间隔一定时间、音量逐步衰减的相同声音而形成的声音延缓、持续的听觉效果。

6. 回声

回声用于模拟许多专场效果,如礼堂、小房间、峡谷、老式收音机等效果。

30.4.2 常见均衡模式

常见的均衡模式有古典(Classical)、爵士(JAZZ)、流行(POP)、摇滚(Rock)、人声(Vocal)等,均衡模式比较如图30-5所示。通常听一种类型的音乐时采用相应EQ模式的效果会好一点。不同的EQ模式会带给使用者不同的声音播放效果,同时EQ模式也是最能突出个性的地方,给使用者带来更多的音乐享受。

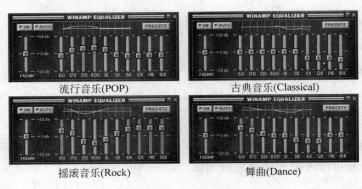

图 30-5　均衡模式比较

第五篇　视频编辑

模 块 分 解	项 目 名 称	工 具 软 件
视频剪辑	项目 31　编辑《山西行》旅游视频	Adobe Premiere Pro CS4
视频制作	项目 32　制作毕业纪念电子相册	Adobe Premiere Pro CS4； Adobe Photoshop CS4； Hollywood FX 5
视频采集、编辑、输出与视频集成	项目 33　制作讲座视频流媒体网页	MainConcept MPEG Encoder； Adobe Premiere Pro CS4； Adobe Media Encoder

项目31　编辑《山西行》旅游视频

31.1　项　目　任　务

使用 Adobe Premiere CS4 将《山西行》DV 片段进行剪辑,添加标题字幕,制作一段 30 秒左右的短片,导出为 MPEG-2 格式、PAL 制式、DVD 高品质视频,如图 31-1 所示。

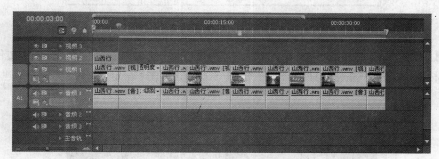

图 31-1　成品时间线

31.2　技　能　目　标

✓ 设置视频项目参数。
✓ 导入视频素材。
✓ 剪辑视频素材。
✓ 剪辑的时间线组织。
✓ 制作标题字幕。
✓ 输出时间线。

31.3　项　目　实　践

31.3.1　新建项目和系列

启动 Adobe Premiere CS4,弹出【欢迎使用 Adobe Premiere Pro】对话框,单击【新建项

目】按钮图标,如图 31-2 所示。

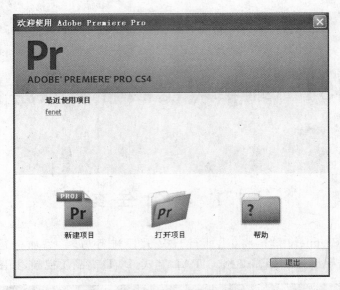

图 31-2　新建项目

　　弹出【新建项目】对话框,单击【位置】下拉列表框后的【浏览】按钮,选择项目文件保存目录,在【名称】文本框中输入"山西行",如图 31-3 所示,单击【确定】按钮,关闭【新建项目】对话框。

图 31-3　设置项目保存路径和项目名称

接着弹出【新建序列】对话框。切换到【序列预置】选项卡,在【有效预置】列表框中选择 DV-PAL,单击 DV-PAL 按钮图标的右三角按钮,展开 DV-PAL 列表项,选择"标准 48kHz",在【名称】文本框中输入"山西行",如图 31-4 所示。单击【确定】按钮,关闭【新建序列】对话框。

图 31-4 设置序列参数

31.3.2 视频素材的剪辑

选择【文件】|【导入】命令或按 Ctrl+I 组合键,弹出【导入】对话框,选择视频素材所在目录,选择"山西行.wmv",如图 31-5 所示,单击【打开】按钮。

此时会激活【项目】面板,拖动"山西行.wmv"到【源】监视器面板,将播放头拖放到片头第 13 帧处;或在【源】监视器面板中单击【时间码】文本框 00:00:00:00,在文本框中输入 13。单击【设置入点】按钮图标 或按 I 键(注:I 键为 Input 的首字母,不区分大小写)设置剪辑的起始点,拖动播放头到 00:00:08:15 处或在【源】监视器面板单击【时间码】文本框 00:00:00:00,在文本框中输入 815。单击【设置出点】按钮图标 或按 O 键(注:O 键是 Output 的首字母,不区分大小写)设置剪辑的结束点,如图 31-6 所示。

单击【插入】按钮图标 或按","键,将剪辑插入到【时间线】的【视频 1】轨道和【音频 1】轨道。单击【时间线】标签,激活【时间线】面板,按"="键适当放大轨道视图,如图 31-7 所示。

图 31-5　导入视频素材

图 31-6　设定剪辑入点和出点

图 31-7　插入剪辑到【时间线】面板

按照前面的剪辑处理方法,设置片段的入点和出点分别如表31-1所示。

表 31-1　视频素材剪辑要求

镜 头 描 述	入 点 位 置	出 点 位 置	剪 辑 长 度
王家大院4A牌	00:00:12:06	00:00:15:09	3:04
荡秋千	00:01:17:13	00:01:22:14	5:02
环顾大院	00:01:43:16	00:01:54:19	11:04
王家大院出口	00:03:09:05	00:03:13:10	4:06
平遥古城雨街	00:03:39:08	00:03:42:03	2:21
平遥县署	00:04:38:11	00:04:42:01	3:16
晋祠	00:06:56:19	00:07:02:07	5:14
草原风电	00:07:55:10	00:07:57:13	2:04

将8段剪辑依次插入【时间线】面板,注意前后片段应紧密衔接,按"\"键缩放【时间线】视图,如图31-8所示。

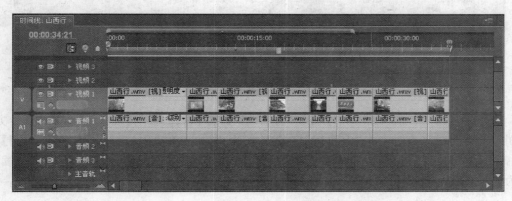

图 31-8　视频剪辑的时间线组织

31.3.3　制作标题字幕

选择【文件】|【新建】|【字幕】命令或按Ctrl+T组合键,打开【新建字幕】对话框,从【时基】下拉列表框中选择25.00fps,在【名称】文本框中输入"山西行",其他参数如图31-9所示。单击【确定】按钮,关闭【新建字幕】对话框。

接着弹出【字幕】编辑窗口,单击【背景视频时间码】文本框,在文本框中输入0。单击【显示背景视频】按钮图标,打开该时间码处的视频背景。在工具栏中选择【文字】工具,在屏幕中上部输入"山西行"。在【字幕样式】面板中,单击字幕样式应用于标题文字,在【字幕属性】面板中调整字体大小和相关属性,选择【选择】工具调整标题文字所在位置,如图31-10所示,单击【关闭】按钮关闭字幕编辑器窗口。

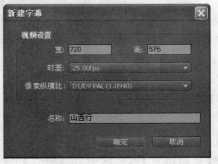

图 31-9　【新建字幕】面板的参数设置

图 31-10　制作标题字幕

选择【项目】面板的"山西行"字幕文件,拖放到【时间线】面板的【视频 1】轨道的正上方,左端对齐时间线零点。右击"山西行"字幕剪辑,从弹出菜单项中选择【速度/持续时间】命令,弹出【素材速度/持续时间】对话框,在【持续时间】文本框中输入 300,使标题字幕持续时间为 3 秒,如图 31-11 所示。按 Ctrl＋S 组合键保存项目。

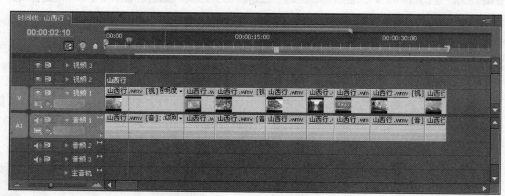

图 31-11　设置字幕位置与持续时间

31.3.4　输出时间线

选择【文件】|【导出】|【媒体】命令或按 Ctrl＋M 组合键,弹出【导出设置】对话框,在右侧【导出设置】选项区中,从【格式】下拉列表框中选择 MPEG2,从【预置】下拉列表框中选择 "PAL DV 高品质"。单击显示的文件名称,弹出【另存为】对话框,选择输出文件保存目录,

在【文件名】文本框中输入"山西行"，单击【保存】按钮，返回【导出设置】对话框。其他参数保持不变，如图 31-12 所示，单击【确定】按钮，关闭【导出设置】对话框。

图 31-12　设置输出参数

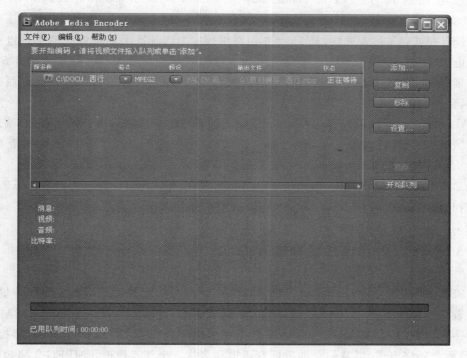

图 31-13　启动 Adobe Media Encoder

用 Premiere 可以启动 Adobe Media Encoder 来执行视频编码输出。在【Adobe Media Encoder】窗口中,单击【开始队列】按钮,如图 31-13 所示,启动正式编码过程,并耐心等待编码结束。

31.4　知　识　目　标

31.4.1　视频编辑流程

Premiere 界面主要包括【项目】面板、【监视器】面板、【时间线】面板、【过渡】面板、【效果】面板等面板。【项目】面板用于组织视频、音频、图像、字幕等素材。【监视器】面板用于预览素材和预览时间线上的剪辑片段,【源】监视器和【节目】监视器都具有播放控制和入点/出点的标记功能。【时间线】面板由视频轨、过渡轨和音频轨组成,视频轨用于展示视频、图片和字幕,可以在剪辑间插入过渡内容,在视频剪辑上可以应用滤镜。音频轨用于配音、配乐,可以使用调音台来控制音频轨道的音量。

视频编辑的基本流程:项目属性定义→视频采集→视频片段剪辑→时间线组织节目→添加剪辑滤镜→添加剪辑间过渡→制作字幕→配音配乐→时间线的导出。

31.4.2　视频制式

彩色电视制式有:NTSC(National Television System Committee)、PAL(Phase Alternation Line)和 SECAM(Sequential Couleur Avec Memoire)三种制式。

NTSC 制式:又称为恩制,是 1952 年由美国国家电视标准委员会制定的彩色电视广播标准。电视的供电频率为 60Hz,场频为每秒 60 场,帧频为每秒 30 帧,扫描线为 525 行,图像信号带宽为 6.2MHz。采用 NTSC 制的国家和地区有:美国、加拿大等大部分西半球国家、中国台湾、日本、韩国、菲律宾等。

PAL 制式:这是前联邦德国在 1962 年制定的彩色电视广播标准。采用 PAL 制式的国家和地区有:西德、英国等一些西欧国家、新加坡、中国内地、中国香港、澳大利亚和新西兰等。

SECAM 制式:又称塞康制,是 1966 年由法国制定的彩色电视制式。采用 SECAM 制的国家和地区有:法国、俄罗斯、埃及及东欧和中东部分国家等。

31.4.3　MPEG-2 视频压缩标准

MPEG-2 制定于 1994 年,设计目标是高级工业标准的图像质量以及更高的传输率,提供一个较广范围的可变压缩比,以适应不同的画面质量、存储容量及带宽的要求。MPEG-2 提供的传输率在 3～10Mbps 之间,能够提供广播级的视像和 CD 级的音质,能够提供左、右、中及两个环绕声道,以及一个加重低音声道和多达 7 个伴音声道。MPEG-2 视频压缩标准用于为数字视频广播、有线电视网、电缆网络及卫星直播提供广播级的数字视频。

31.4.4 帧率

视频是系列图像的快速切换而给人产生运动的错觉,每秒出现的帧数就称为帧率(Frame Rate),单位为 fps(frames per second,帧每秒);帧率越高,每秒钟所显示的帧数就越多,画面就越平滑流畅,同时,它将占用更大的存储空间,传输时将使用更多的带宽。为了减小视频文件的大小,可以降低帧率或比特率,或者同时降低帧率和比特率。当降低比特率而保持帧率不变时,图像质量将下降;当降低帧率而保持比特率不变时,画面运动将没有期望的那样流畅。

为保证视频画面质量,Adobe 公司建议尽量保持高的帧率,如 NTSC 使用 29.97fps,PAL 使用 25fps。当需要高比例压缩视频数据时,Adobe Media Encoder CS4 中最好按原始帧率的一半或更低的整除数进行设置,如原始帧率为 24fps,则最好将新帧率设置为 12fps、8fps、6fps、4fps、3fps、2fps。

31.4.5 比特率

比特率(Bitrate)也叫数据率,它是影响视音频质量的重要参数。当制作用于互联网应用的视音频资料时,设置恰当的比特率尤其重要。当用户使用较高的带宽时,可以无延迟或者较短延迟就能收看节目。当用户无法满足最低比特率要求,就必须先下载再播放,或者是容忍较长的缓冲时间。

31.4.6 关键帧

关键帧(Key Frame)是插入到视频系列中的完整帧。关键帧之间的帧记录了活动画面的运动信息和场景变化。Adobe Media Encoder 自动基于当前视频帧率确定关键帧,帧间距值确定了视频编码器记录关键帧的时间间隔,如果视频画面场景切换频繁,画面中对象快速运动,应设置较低的关键帧间距。在数据率恒定的情况下,帧间距越大,画面质量越高,因为数据没有浪费在描述那些并没有变化的帧上面。

31.4.7 帧尺寸

当选择帧尺寸(Frame Size)时,要综合考虑帧率、源视频的帧的大小并综合视频使用场合确定。在互联网中标准视频分辨率有 640 像素×480 像素、512 像素×384 像素、320 像素×240 像素和 160 像素×120 像素几种。一般标准电视机的宽高比是 4∶3,较新的电视机和显示器越来越多使用 16∶9。通常,视频编码时选择的宽高比应该跟原始视频相同,改变纵横比会在视频边界产生黑边。

当网络传输的视频宽高比为 4∶3 时,网络连接为 Modem(56Kbps)时帧尺寸一般为 160 像素×120 像素,网络连接为 DSL 时帧尺寸一般为 320 像素×240 像素,网络连接为电缆调制解调器（2Mbps）时帧尺寸一般为 512 像素×384 像素，网络连接为局域网（100Mbps）时帧尺寸一般为 640 像素×480 像素。

当网络传输的视频宽高比为 16：9 时，网络连接为 Modem（56Kbps）时帧尺寸一般为 192 像素×108 像素，网络连接为 DSL 时帧尺寸一般为 384 像素×216 像素，网络连接为电缆调制解调器（2Mbps）时帧尺寸一般为 448 像素×252 像素，网络连接为局域网（100Mbps）时帧尺寸一般为 704 像素×396 像素。

31.4.8　像素纵横比

大多数静态图像由方形像素构成，像素长宽比为 1：1。在处理数字视频时，会遇到各种纵横比的像素，产生问题的根本原因在于模拟视频（如广播电视）和数字视频共存。在编码非方形像素视频时，需要重新取样视频图像，将图像还原为显示纵横比 DAR（Display Aspect Ratio），例如标准的 NTSC DV 视频，帧尺寸为 720 像素×480 像素，并以 4：3 比例显示，它的每个像素都是矩形的，像素纵横比 PAR（Pixel Aspect Ratio）为 10：11，变成了窄的矩形像素。当编码为非方形像素视频时，需要计算帧尺寸大小，例如，帧画面尺寸为 720 像素×480 像素时，现按像素纵横比 4：3 编码，先确定视频宽度为 480 像素，则视频高度为 640 像素（480 像素×4/3）。

31.4.9　隔行扫描与非隔行扫描

大多数广播电视都采用隔行扫描，尽管高清晰度电视标准的出现模糊了隔行扫描与逐行扫描的界线。隔行扫描的视频帧由两场构成，每一场包含了单帧垂直方向一半的行数，上场（场 1）包含了所有的奇数行，下场（场 2）包含了所有的偶数行。电视机先显示一场的所有行，再显示另一场的所有行。场序指定了奇偶场的显示次序。在 NTSC 视频中，每秒在显示器上显示将近 60 场，对应着的帧率为 30 帧/秒。非隔行视频没有被场分割开，逐行显示设备按自上而下的顺序一次性显示完帧信息。

项目32 制作毕业纪念电子相册

32.1 项目任务

使用 Adobe Photoshop CS4 对军训、盈园烧烤、白水寨游玩的照片进行批处理,统一调整图片的宽为 1024 像素、高为 682 像素,用 JPG 格式保存图片素材。再使用 Adobe Premiere CS4 将主题照片制作成毕业纪念电子相册,要求在照片转场时添加 Adobe Premiere CS4 转场效果和 Hollywood FX 特技,为照片制作带淡入效果的标题字幕。再添加背景音乐,并将电子相册导出为 MPEG-2 格式。

32.2 技能目标

✓ 活动图片的收集与整理。
✓ 图片的批处理操作。
✓ 建立项目。
✓ 素材的导入与组织。
✓ 素材的时间线组织。
✓ 图片转场制作。
✓ 字幕模板的建立与套用。
✓ 添加背景音乐。
✓ 控制画面的透明度。

32.3 项目实践

32.3.1 相册图片的搜集与处理

搜集同学收藏的军训、盈园烧烤、白水寨相关的相片,要求图像为宽度不低于 720 像素,高不低于 576 像素的较大尺寸图片,图片清晰,曝光正常,主题突出。在本地剩余空间较大的磁盘分区中建立白水寨之行、军训和盈园之行的图片文件夹,再建立一个背景音乐文件夹用来存放纪念相册用的背景音乐,如图 32-1 所示。

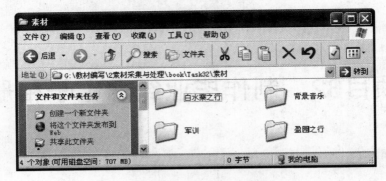

图 32-1　建立素材分类存放文件夹

　　根据搜集到的图片大小和制作用途,确定图片的统一尺寸,使用 Photoshop 进行素材的大小调整,尽量不做图片放大处理,注意保持图片的纵横比。

　　启动 Photoshop,选择【文件】|【打开】命令,弹出【打开】对话框,选择要调整大小的图片,单击【打开】按钮。选择【图像】|【图像大小】命令,弹出【图像大小】对话框,选择【约束比例】复选框以防止相片纵横比变形,如图 32-2 所示,单击【确定】按钮,保存相册图像。

图 32-2　调整图像大小

　　如果批量处理大量相片,可打开任意一张照片,选择【窗口】|【动作】命令或按 Alt＋F9 组合键,打开【动作】面板,单击【创建新动作】按钮图标 ，弹出【新建动作】对话框,在【名称】文本框中输入"纪念相册 W1024H682"。动作名称命名时最好描述动作的主要功能,以免录制动作较多时混淆。从【功能键】下拉列表框中选择 F11,定义调用动作的快捷键为 Shift＋Ctrl＋F11,如图 32-3 所示。单击【记录】按钮,开始录制运作。

　　当动作录制完成后,选择【文件】|【自动】|【批处理】命令,弹出【批处理】对话框,从【动作】下拉列表框中选择"纪念相册 W1024H682",从【源】下拉列表框中选择"文件夹",单击【选择】按钮选择要处理的素材文件夹,从【目标】下拉列表框中选择"存储并关闭",单击【确定】按钮,开始对相册文件夹执行批处理操作,如图 32-4 所示。

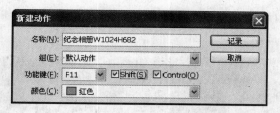

图 32-3 【新建动作】对话框

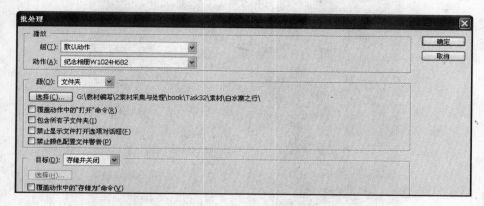

图 32-4 批处理相册素材

32.3.2 安装 Hollywood FX 5 插件

按照软件向导安装 Hollywood FX 5，安装完成后，分别复制 C：\Program Files\Pinnacle\Hollywood FX 5\Host Plugins\Edition\HfxEdt5. vfx 和 C：\Program Files\Pinnacle\Hollywood FX 5\Host Plugins\EditionFilter\Fl-HfxEdt5. vfx 文件。转到 Premiere 插件目录 C：\Program Files\Adobe\Adobe Premiere Pro CS4\Plug-ins\en_US，新建 Hollywood FX 5 文件夹，将复制的插件粘贴到该文件夹中，把 HfxEdt5. vfx 和 Fl-HfxEdt5. vfx 文件后缀名改为 prm，如图 32-5 所示。

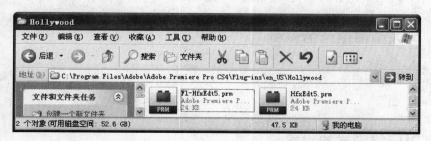

图 32-5 安装 Hollywood FX 5 插件

32.3.3 新建项目和系列

启动 Adobe Premiere Pro CS4，弹出【欢迎使用 Adobe Premiere Pro】对话框，单击【新建项目】按钮图标，弹出【新建项目】对话框，在对话框中单击【位置】下拉列表框后的【浏览】

按钮,选择项目文件保存目录,在【名称】文本框中输入"纪念相册",如图 32-6 所示,单击【确定】按钮,关闭【新建项目】对话框。

图 32-6 【新建项目】对话框

接着弹出【新建序列】对话框,切换到【序列预置】选项卡,在【有效预置】列表框中选择 DV-PAL;单击 DV-PAL 按钮图标的右三角按钮,展开 DV-PAL 列表项,选择"标准 48kHz";在【序列名称】输入"白水寨之行"。单击【常规】标签,切换到【常规】选项卡,从【编辑模式】下拉列表框中选择"桌面编辑模式";在【视频】选项区中,在【水平】文本框中输入 1024,【垂直】文本框中输入 682,从【像素纵横比】下拉列表框中选择"方形像素(1.0)",如图 32-7 所示,单击【确定】按钮,关闭【新建序列】对话框。

32.3.4 导入相册图片的素材

全选所有素材文件夹,拖动到【项目】面板,实现快速导入素材文件夹结构和素材,如图 32-8 所示。

32.3.5 时间线素材的组织

先制作【白水寨之行】时间线的节目。在【项目】面板中,单击 白水寨之行 中的右三角按钮,展开【白水寨之行】素材文件夹,将图片素材按顺序拖放到【时间线】面板的"视频 2"轨道上,注意后一张图片要跟上一张图片右边缘对齐,因为图片左右顺序决定播放的先后顺序,如图 32-9 所示。

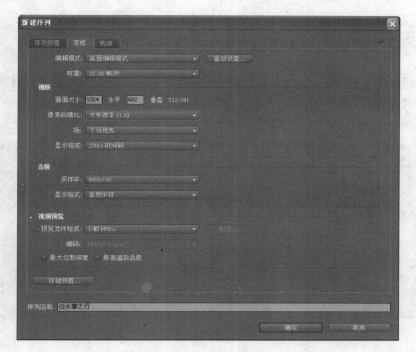

图 32-7 【新建序列】对话框

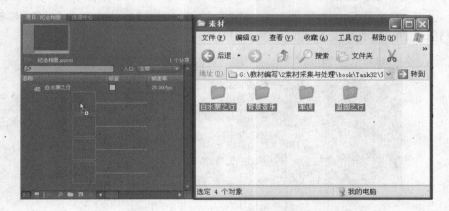

图 32-8 拖动素材文件夹来导入素材

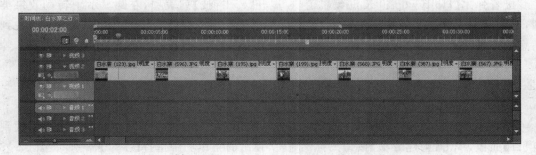

图 32-9 图片素材在时间线上的组织

32.3.6 添加转场和 Hollywood FX 5 特技

激活【时间线】面板，按"＝"键适当放大时间线视图。激活【效果】面板，选择【视频切换】|【滑动】|【滑动带】命令来添加转场效果；拖放到"视频 2"轨道到两张图片之间，然后释放鼠标来添加系统转场效果，如图 32-10 所示。

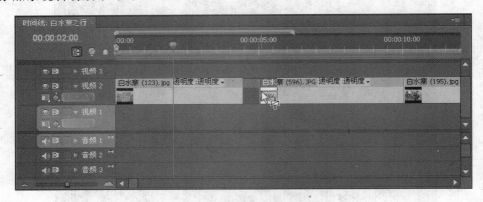

图 32-10 添加转场效果

选择【视频切换】|【Hollywood FX】|【Hollywood FX 5】转场效果，拖放到"视频 2"轨道两张图片之间后释放鼠标，添加 Hollywood 转场效果。单击【特效控制台】标签，切换到【特效控制台】面板，单击【自定义】按钮，如图 32-11 所示。

图 32-11 添加 Hollywood FX 5 特效

接着弹出【Hollywood FX 5】编辑窗口，展开【Fx 特技】列表项，左侧显示了转场效果类型，右侧显示了该类型的特技预览图，双击特技预览图预览转场效果，如图 32-12 所示，找到满意的转场效果后，单击【确定】按钮，返回 Premiere 窗口。

32.3.7 制作字幕

先制作字幕模板，然后基于字幕模板来创建新字幕，便于统一字幕样式和位置。切换到【项目】面板，单击【新建分项】按钮图标 ，从弹出的菜单项中选择【字幕】命令，如图 32-13 所示。

接着弹出【新建字幕】对话框，在【视频设置】选项区中，在【宽】文本框中输入 1024，在

图 32-12　选择 Hollywood 特效

【高】文本框中输入 682，从【基准】下拉列表框中选择 25.00fps，在【名称】文本框中输入"白水寨之行合影"，如图 32-14 所示。单击【确定】按钮，关闭【新建字幕】对话框。

图 32-13　新建字幕

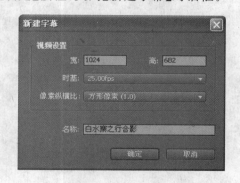

图 32-14　设置字幕参数

在字幕编辑窗口，从工具栏中选择【文字】工具 ▯。单击画面底部中间位置，输入"白水寨合影"。从【字幕样式】面板的样式缩略图中选择"方正大黑唱词"，单击【居中】按钮图标 ▤，设置字幕居中对齐，如图 32-15 所示。注意不要关闭窗口。

单击【模板】按钮图标▦▦，弹出【模板】对话框，单击 ▶ 按钮图标，从弹出的菜单项中选择【导入当前字幕为模板】命令，弹出【存储为】对话框，在【名称】文本框中输入"纪念相册"，单击【确定】按钮，返回【模板】对话框。再次单击 ▶ 按钮，从弹出的菜单项中选择【设置模板为默认静态字幕】命令，将当前字幕模板作为默认模板，如图 32-16 所示。

从字幕模板新建字幕。选择【项目】面板的"白水寨之行"文件夹。按 Ctrl＋T 组合键打

图 32-15　制作字幕

图 32-16　设置当前字幕为默认模板

开【新建字幕】对话框,在【视频设置】选项区中,在【宽】文本框中输入 1024,在【高】文本框中输入 682,从【基准】下拉列表框中选择 25.00fps,在【名称】文本框中输入"室友组合",其他参数保持默认值,如图 32-17 所示,单击【确定】按钮。

　双击"白水寨合影"文字,将字幕内容修改为"室友合影",如图 32-18 所示。

　按此方法,逐个建立各张相片对应的字幕文件,将字幕文件保存到同名图片素材文件夹中。

图 32-17　新建字幕

图 32-18　修改字幕内容

32.3.8　字幕进场透明度的控制

　　将上一步做好的字幕文件拖放到视频"轨道3"中，并位于对应相片的正上方，在字幕片段的左右边缘上拖动鼠标来延长字幕长度，长度与图片持续时间相同，如图 32-19 所示。

　　选择"视频3"轨道上的"白水寨之行合影"字幕片段，切换到【特效控制台】面板，单击▶ 透明度 中的右三角按钮，展开【透明度】选项区，再单击【切换动画】按钮图标，在字幕片段的开头、1秒、最后1秒和结尾处添加透明控制关键帧。选择字幕出场的第1帧，在【透明度】文本框中输入0；第2帧的【透明度】文本框中输入100；第3帧【透明度】文本框中输入100，在最后帧的【透明度】文本框中输入0，让字幕淡入进场，淡出退场，如图 32-20 所示。

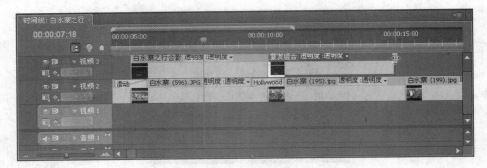

图 32-19　延长字幕持续时间

图 32-20　制作淡入、淡出效果

32.3.9　添加背景音乐

从【项目】面板将背景音乐拖放到【时间线】的"音频 1"轨道中,依据视频画面持续时间长度,通过重复放置背景音乐剪辑,或修剪超过画面的部分,使伴音持续时间与画面等长,如图 32-21 所示。

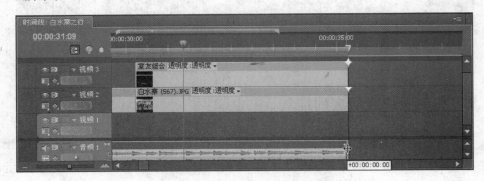

图 32-21　添加背景音乐

32.3.10　电子相册的导出

按照"白水寨之行"序列的制作方法,制作"盈园之行"和"军训"两个系列。3 个主题序列制作完成后,分别输出序列视频。激活【时间线】面板,选择【文件】|【导出】|【媒体】命令或

按 Ctrl+M 组合键,弹出【导出设置】对话框,在【导出设置】选项区中,从【格式】下拉列表框中选择 MPEG2,单击【输出名称:】后面的文件名称,打开【另存为】对话框,选择输出文件的保存目录;在【文件名】文本框中输入"白水寨之行"。单击【保存】按钮,返回【导出设置】对话框,单击【限定宽度/高度】按钮图标  ,取消限定的宽度/高度,在【视频】选项卡的【基本视频设置】选项区中,在【帧宽度[像素]】文本框中输入 1024,在【帧高度[像素]】文本框中输入682,其他参数保持不变,如图 32-22 所示,单击【确定】按钮,关闭【导出设置】对话框。

图 32-22　导出视频设置

Premiere 将启动 Adobe Media Encoder 来执行视频编码。在弹出的【Adobe Media Encoder】窗口中单击【开始队列】按钮,启动视频进行编码输出。

32.4　知 识 目 标

32.4.1　字幕模板

Adobe Premiere 自带的字幕模板提供了若干个主题和预设版面,可用来快速、方便地设计字幕。基于模板建立的字幕文件可以继续进行各种修改操作,通过选择对象并将其删除或覆盖,可以轻松地更改模板中的每个文本或图形对象,还可以将对象添加到字幕中。进行修改之后,已经设置好的字幕将会随项目一起存储,而不会影响该字幕所基于的模板。

Adobe Premiere 支持用户自定义模板,也支持将用户定义的模板设置为默认模板,这样每次新建字幕时不必再去手动套用用户定义的模板,大大提高了模板的制作效率。需要注意的是,Premiere 中基于模板的字幕建立后跟模板是分离的,修改模板不会影响套用该模板的字幕,同样修改基于模板的字幕也不会影响模板,这点跟其他软件不同。

32.4.2 调音台

使用音频混合器可以调整项目中不同轨道的音频平衡和音量。可以调整包含在视频剪辑、背景音乐和旁白音频中的音频平衡和音量级别,如图 32-23 所示。可以根据画面表达的需要在不同的点处增大旁白的音量并降低背景音乐的音量,这样可以强调旁白,让观众听到旁白中细微的声音。

图 32-23　Premiere 调音台

默认情况下,调音台对该条音频轨道的调整是恒定的,如果希望让声音随着时间变化,可以给音频轨道添加关键帧,这样可以更加灵活地控制各个时间点的声音。

32.4.3 DVD 视频光盘

DVD(Digital Video Disc,数字视频光盘),后来因用途的扩充改成了 Digital Versatile DISC(数字多用途光盘),缩写仍然是 DVD。现在的 DVD 主要有三种用途:DVD-Video 用于存储视频节目(包括音频伴音);DVD-Audio 用来存储纯音频信号,音响效果将远远超过现在的 CD;DVD-ROM 用于存储计算机程序及计算机游戏。本处 DVD 专指 DVD-Video,即 DVD 视频光盘。它具有以下特性和优势:

(1) 单面单层容量为 4.7GB,可容纳约 133 分钟的视频。

(2) 提供多声道和多种伴音通道功能。可支持 8 种伴音通道和最多 8 个独立声道,最常见的 AC-3 5.1 声道播放时音响的布局如图 32-24 所示。

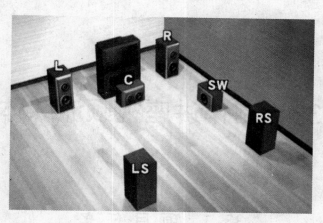

图 32-24　AC-3 5.1 声道播放时音响的布局

（3）最多支持 32 种字幕语言，多字幕可以让不同国家的观众借助字幕看懂原配音的电影。

（4）可变的画面宽高比，可用 4∶3 或 16∶9 等不同屏幕比例播放。

（5）最多可支持 9 种镜头角度，在同样内容中设置几个角度的片段，允许观众选择不同的角度来观看。

（6）支持多情节的视频节目。

（7）支持加密技术。

（8）支持区域码。第一区有美国、加拿大、东太平洋岛屿区；第二区有日本、欧洲、西亚、阿拉伯半岛、埃及、南非、格陵兰；第三区有中国台湾、韩国、东亚地区；第四区有中南美洲、澳大利亚、新西兰、南太平洋岛屿区；第五区有非洲、印度半岛、中亚、蒙古、苏联地区；第六区有中国内地地区。

32.4.4　Sonic Scenarist

1996 年日本的大金（DAIKIN）公司首创世界第一套 DVD-Video 编写软件 Scenarist。2001 年 2 月，美国的 Sonic Solutions 公司收购了 Scenarist，并改名为 Sonic Scenarist。目前用于标清 DVD 视频光盘制作的版本是 Sonic Scenarist 3.0。它完全支持 DVD 视频光盘标准，提供丰富的交互式菜单制作、多角度视频、多重音轨、多国字幕、高清晰静态照片影集等功能。Scenarist 的代表作《终结者 2》（Terminator 2）、《骇客任务》（Matrix）等。

项目33 制作讲座视频流媒体网页

33.1 项 目 任 务

使用 Adobe Premiere CS4 编辑东南融通公司的"COGNOS MOLAP 高级建模技术"培训视频,使用 Adobe Audition 3.0 对培训视频进行同期声降噪,重新合成后输出为 FLV 流媒体视频格式。使用 Adobe Dreamweaver CS4 将 FLV 视频插入到网页,制作好的成品带 FLV 视频播放控制条。

33.2 技 能 目 标

- ✓ 采集视频素材。
- ✓ 导出视频中的同期声。
- ✓ 同期声的降噪。
- ✓ 输出 FLV 流媒体视频。
- ✓ 制作流媒体网页。

33.3 项 目 实 践

33.3.1 采集讲座视频

当从培训现场将视频拍摄完后,应按客户要求及时将视频采集到计算机中进行编辑。可用于视频采集的软件较多,一般建议使用非线性编辑系统自带的采集程序来采集。当没有视频编辑卡或视频采集卡时,可以选用一些通用的视频采集编辑系统来完成,如 Adobe Premiere、会声会影、MainConcept MPEG Encoder、Windows MovieMaker,推荐使用 MainConcept MPEG Encoder 进行整盘 DV 带视频的采集,界面如图 33-1 所示。并使用 Adobe Premiere 可进行批量采集和场景检测采集。

当采集工作完成后,再进行视频剪辑作业,一般需要剪除视频开始和结束前后多余的镜头、讲座过程中暂停前后的多余画面、讲座中讲错或不满意的画面和声音。

图 33-1 MainConcept MPEG Encoder 界面

33.3.2 导出讲座视频同期声

讲座摄像基本在会议室或办公室进行,难免有室内外各种噪声被录入视频中,会影响同期声的清晰度,一般需要在视频流化前进行降噪处理。

启动 Adobe Premiere Pro CS4,弹出【欢迎使用 Adobe Premiere Pro】对话框,单击【新建项目】按钮,弹出【新建项目】对话框。切换到【常规】选项卡,单击【浏览】按钮,选择项目文件保存的目录,在【名称】文本框中输入"讲座视频",如图 33-2 所示。单击【确定】按钮,关闭【新建项目】对话框。

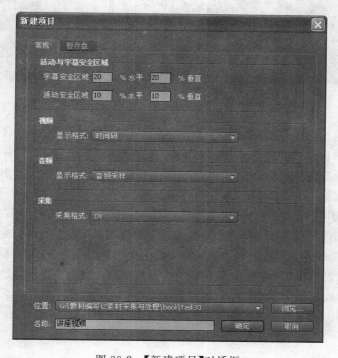

图 33-2 【新建项目】对话框

接着弹出【新建序列】对话框,切换到【序列预置】选项卡,从【有效预置】列表框中选择 DV-PAL,单击 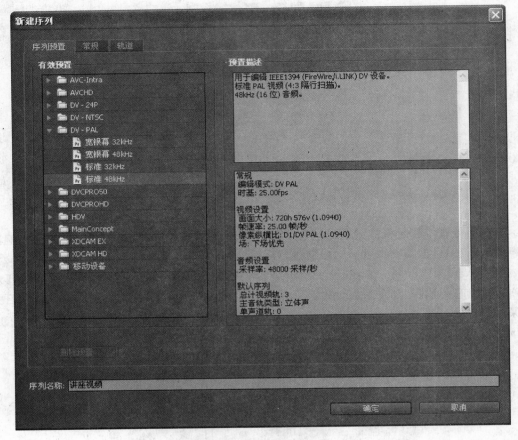 中的右三角按钮,展开 DV-PAL 列表项,选择"标准 48kHz";在【序列名称】文本框中输入"讲座视频",如图 33-3 所示。单击【确定】按钮,关闭【新建序列】对话框。

图 33-3　新建视频序列

　导入讲座视频。选择【文件】|【导入】命令或按 Ctrl＋I 组合键,弹出【导入】对话框,选择导入讲座视频的目录,选择"讲座视频.mpg",如图 33-4 所示,单击【打开】按钮。

　从【项目】面板中选择"讲座视频.mpg",拖放到【时间线】面板的"视频 1"轨道上,视频片段左端对齐时间线零点,如图 33-5 所示。

　下面导出同期声。激活【时间线】面板,选择【文件】|【导出】|【媒体】命令或按 Ctrl＋M 组合键,弹出【导出设置】对话框,在【导出设置】选项区中,在【格式】下拉列表框中选择"Windows 波形"。单击【输出名称:】中的文件名,打开【另存为】对话框,选择输出文件的保存目录,在【文件名】文本框中输入"讲座视频",单击【保存】按钮,返回【导出设置】对话框,如图 33-6 所示。单击【确定】按钮,启动 Adobe Media Encoder 进行音频的导出操作。

图 33-4　导入讲座视频

图 33-5　讲座视频加入时间线

33.3.3　视频同期声降噪

使用 Adobe Audition 对同期声进行降噪处理，降噪操作方法请参考项目29。把降噪完成后的同期声文件导入 Premiere CS4，在【项目】面板中选择"讲座视频.wav"，拖动到【时间线】面板的"音频 2"轨道最左端，按住 Alt 键单击"音频 1"轨道的原始同期声，按 Del 键将其删除，如图 33-7 所示。按 Ctrl＋S 组合键保存项目文件。

33.3.4　去除视频黑边

选择"讲座视频.mpg"视频剪辑，切换到【特效控制台】面板，单击 ▶ _fx_ ■ 运动 中的右三角按钮，展开【运动】选项区。取消选择【等比缩放】复选框，在【缩放宽度】文本框中输入

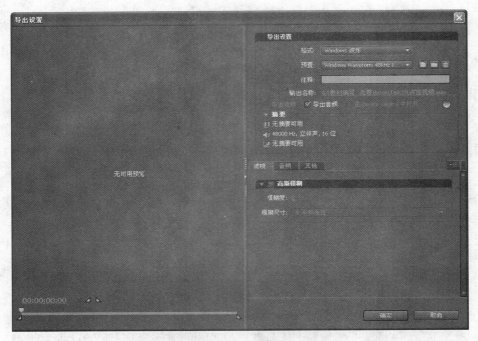

图 33-6　导出视频同期声

图 33-7　置换同期声

110,如图 33-8 所示。将视频放大,覆盖原来左右两侧的黑边。

33.3.5　导出 FLV 格式视频

激活【时间线】面板,选择【文件】|【导出】|【媒体】命令或按 Ctrl＋M 组合键,弹出【导出设置】对话框,在【导出设置】选项区中,从【格式】下拉列表框中选择 FLV|F4V,从【预置】下拉列表框中选择"FLV-Web Medium(Flash 8 和更高版本)"。单击【输出名称】中列出的文件名,打开【另存为】对话框,选择输出文件保存的目录,在【文件名】文本框中输入 hds,单击【保存】按钮,返回【导出设置】对话框,其他参数保持默认值,如图 33-9 所示。单击【确定】按

钮,启动 Adobe Media Encoder 流媒体编码的过程。

图 33-8　放大视频宽度可去除视频黑边

图 33-9　设置流媒体输出参数

33.3.6　定义静态站点

启动 Dreamweaver CS4,打开【欢迎屏幕】,在【新建】选项区中单击【Dreamweaver 站点…】
按钮,如图 33-10 所示。

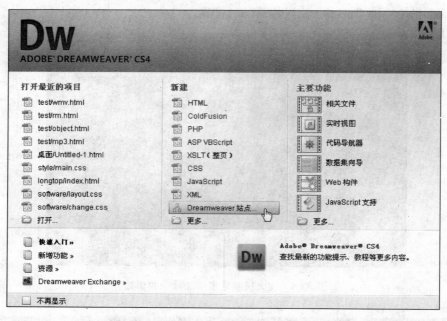

图 33-10　新建站点

接着弹出【未命名站点 2 的站点定义为】对话框,在【您打算为您的站点起什么名字?】
文本框中输入"东南融通",此时对话框标题更新为【东南融通 的站点定义为】,如图 33-11
所示。单击【下一步】按钮,继续站点的定义。

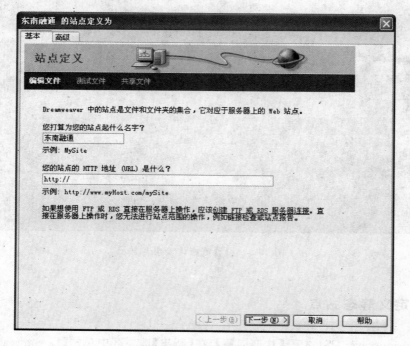

图 33-11　定义站点名称

在对话框中,选择【否,我不想使用服务器技术。(O)】单选按钮,如图 33-12 所示。单击【下一步】按钮,继续站点定义。

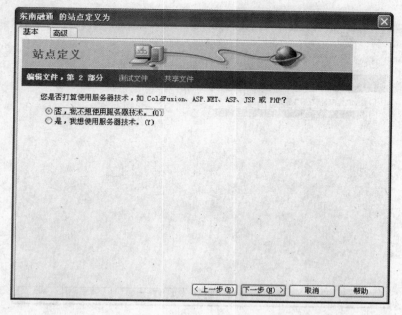

图 33-12 定义站点类型

在对话框中,选择【编辑我的计算机上的本地副本,完成后再上传到服务器(推荐)(E)】复选框,单击【您将把文件存储在计算机上的什么位置?】文本框后的 □ 按钮图标,选择保存站点文件的目录,如图 33-13 所示。单击【下一步】按钮,继续站点的定义。

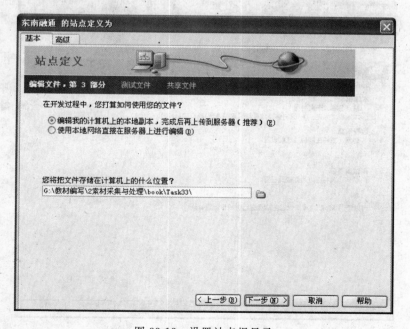

图 33-13 设置站点根目录

在对话框中,单击【您如何连接到远程服务器?】下拉列表框,在下拉列表项中选择"无",如图 33-14 所示。单击【下一步】按钮,继续站点的定义。

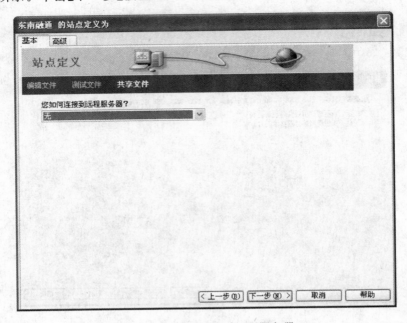

图 33-14　配置连接到远程服务器

在对话框中,显示了站点定义的摘要信息,如图 33-15 所示。单击【完成】按钮,结束站点的定义。

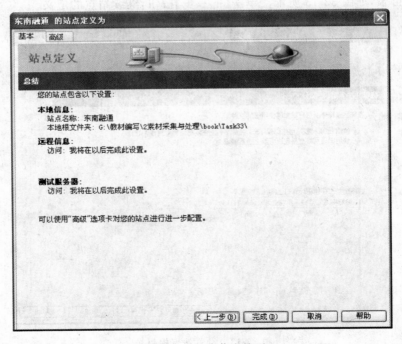

图 33-15　站点信息摘要

33.3.7 制作流媒体网页

单击【文件】标签,激活【文件】面板,右击站点根文件夹,从弹出的菜单项中选择【新建文件】命令,新建"untitled. html"网页,单击文件名并停留片刻,重命名该网页为 hds. html 如图 33-16 所示。

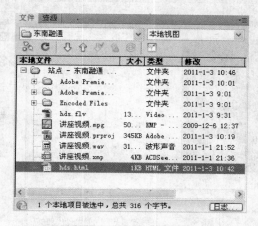

图 33-16 新建网页文件

双击 hds. html 按钮图标,打开网页。选择【插入】|【媒体】|【FLV】命令,弹出【插入 FLV】对话框,从【视频类型】下拉列表框中选择"累进式下载视频";单击【URL】文本框后的【浏览】按钮,选择同目录下的 hds. flv 文件,从【外观】下拉列表框中选择"Clear Skin 3(最小宽度:260)";单击【检测大小】按钮,获取原始视频尺寸信息,如图 33-17 所示。单击【确定】按钮,关闭【插入 FLV】对话框。

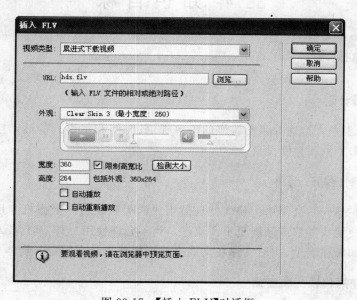

图 33-17 【插入 FLV】对话框

在【设计】视图的【标题】文本框中输入"COGNOS MOLAP 高级建模技术",在视频下方输入"COGNOS MOLAP 高级建模技术"作为视频提示信息,如图 33-18 所示。按 F12 键在浏览器中预览流媒体网页。

图 33-18　输入网页标题和视频提示信息

33.4　知 识 目 标

33.4.1　摄像技巧

1. 制订拍摄计划

跟主讲人和主办方沟通并了解讲座的内容提纲、时间和主讲人的活动空间。把电池充满,准备足够的 DV 带和存储设备。

2. 拍摄时保持稳定

尽可能使用三脚架,最简单的替代就是借用或购买照相机。摄像机专用的三脚架要带有液压云台,能使镜头摇移或倾斜更平滑流畅。当不允许使用三脚架时,要尽量找出能够稳定拍摄的方式,如靠在墙上、用肘支撑在桌面上或把摄像机放在固定的物体上。

3. 避免快速摇移镜头和变焦

摇移镜头和变焦更适合 MTV 和视频爱好者使用,对讲座进行拍摄,要尽量少摇移镜头和变焦。单机位连续拍摄讲座时,摇移镜头和变焦必然对应一个镜头复位的过程,认真考虑一下,也许你正准备做的平移和变焦是多余的,拍摄了一些非主题性的画面,错过了主讲人的精彩讲座。平移和变焦一定要平缓且有明确目的,比如是拍摄一下听众的表现、主讲人展示的样品等。

4. 布置光线

尽量增加光源方向以使光线柔和,避免强烈的单侧光直射主讲人,可以打开窗帘、打开所有灯或者使用家用台灯来布光。条件允许时,可以考虑布置主讲人的背光灯和发光灯。

5. 录好同期声

摄像机的机载麦克风并不怎么保真和可靠,也不能寄太多希望于后期的音频降噪,尤其是拍摄机距离主讲人较远或者周围噪声较大时,立足于录好现场音最为可靠和省心。可以选用指向性的外接麦克风来近距离录音,或者使用无线麦克风来录音,并用耳机监听你录入摄像机的声音。如果条件允许,可以用一台笔记本同时录音,后期编辑时可以在剪辑原始声音和备份录音间灵活选择。

6. 拍摄足够的视频素材

应拍摄尽量多的素材,以便视频后期编辑时增加可选范围,条件允许可以多机位拍摄,这样可以获取现场真实而全面的场景,也可以避免单机的不可靠性。

33.4.2 流媒体

流媒体是指采用流式传输的方式在 Internet 上播放的媒体格式。流媒体系统由流媒体服务器、流媒体编码器和客户端播放器构建。Real 流媒体系统体系如图 33-19 所示。核心流程是首先使用流媒体编码器采集制作流媒体文件,然后放入流媒体服务存储器中,客户通过网页链接或本地播放器访问感兴趣的内容。

33.4.3 FLV 格式

FLV 是 Flash Video 的缩写,FLV 是当前主流流媒体格式的一种,文件压缩效率高,播放器加载速度快,更适合在线观看网络视频文件,最初主要针对的是 Flash 文件中的视频压缩。目前各在线视频网站均采用此视频格式,如 56 网、土豆网、酷 6 网、youtube 网、凤凰网等网站。

33.4.4 流媒体编码器

1. Adobe Media Encoder

Adobe® Media Encoder CS4 是一款视频和音频编码应用程序,可让用户针对不同应用

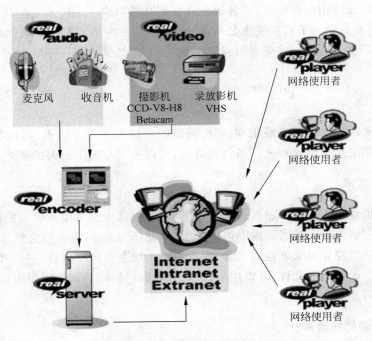

图 33-19　Real 流媒体系统结构及流程

程序和观众,以各种分发格式对音频和视频文件进行编码。这类视频和音频格式的压缩程度更大,广泛适用于 Adobe Flash Player 的 Adobe® FLV|F4V 格式、iPod、3GPP 手机和 PSP 设备的 H.264 格式、CD-ROM 制作的 MPEG-1 格式、DVD 制作的 MPEG-2 格式(仅适用于 Windows)、Apple® QuickTime®、Windows Media Player 等。Adobe Media Encoder 结合了以上格式所提供的众多设置,还包括专门设计的预设设置,以便导出与特定交付媒体兼容的文件。借助 Adobe Media Encoder,可以按适合多种设备的格式导出视频,范围从 DVD 播放器、网站、手机到便携式媒体播放器和标清及高清电视。

借助计算机上视频编码专用的 Adobe Media Encoder,可以批处理多个视频和音频剪辑;在视频为主要内容形式的环境中,批处理可加快工作流程。在 Adobe Media Encoder 对视频文件进行编码的同时,可以添加、更改批处理队列中文件的编码设置或将其重新排序。Adobe Media Encoder 视随同安装的 Adobe 应用程序而定,可提供不同的视频导出格式。仅随 Adobe Flash CS4 安装时,Adobe Media Encoder 可提供适用于 Adobe FLV|F4V 和 H.264 视频的导出格式。随 Adobe® Premiere Pro CS4 和 Adobe® After Effects 安装时,还可以提供其他导出格式。

2. Canopus ProCoder

ProCoder 是一款适合专业人士使用的先进的视频转换工具,具有很多输入/输出选项及先进的滤镜、批处理功能和简单易用的界面。不管是为制作 DVD 进行 MPEG 编码,或为流媒体应用进行 Windows Media 编码,或是为了在 NTSC 和 PAL 制式之间相互转换,ProCoder 都能快速而方便地进行视频转换。可以将单个源文件同时转换成多个目标文件,用批处理模式连续进行多个文件的转换工作,或者用 ProCoder 的拖放预设按钮进行一键式转换。

3. 格式工厂

"格式工厂"是套万能的多媒体格式转换软件,支持几乎所有类型的多媒体格式,文件格式转换过程中可以修复某些损坏的视频文件。该软件支持高效率压缩,支持 iPhone/iPod/PSP 等多媒体指定格式,转换为图片文件时支持缩放、旋转、水印等功能,使用 DVD 视频抓取功能可以轻松将 DVD 备份到本地硬盘。软件界面如图 33-20 所示。

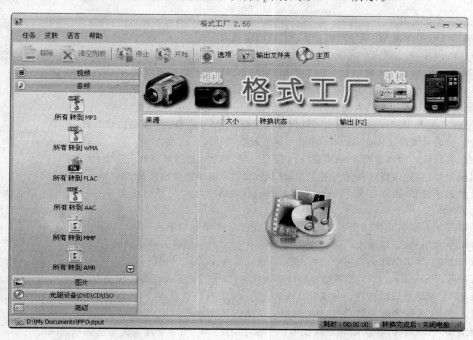

图 33-20 "格式工厂"界面

参 考 文 献

[1] 顾经宇. 就这样享用 Word[M]. 北京：清华大学出版社，2008.

[2] 宋翔. Word 排版之道[M]. 北京：电子工业出版社，2009.

[3] 张红等. 摄影[M]. 北京：北京大学出版社，2009.

[4] Adobe 公司. Audition 电脑音频标准教材[M]. 北京：人民邮电出版社，2006.

[5] CEAC 信息化培训管理办公室. 多媒体素材采集[M]. 北京：高等教育出版社，2006.

[6] 王敬. Photoshop CS3 八大图像处理技术[M]. 北京：人民邮电出版社，2009.

[7] 杨艳哲. Inside Photoshop CS——UI 设计完全攻略[M]. 北京：中国电力出版社，2005.

[8] 周伟. 中国美术简史[M]. 北京：清华大学出版社，2008.

[9] 张弛. 电脑音乐制作教程 Cool Edit Pro 应用[M]. 北京：北京希望电子出版社，2002.

[10] 赵建保等. 实用多媒体技术与开发工具[M]. 北京：电子工业出版社，2003.

[11] 寻梦艺术摄影. 百年好合：Photoshop＋Premiere 动感婚纱照片处理实录[M]. 北京：清华大学出版社，2009.

[12] 杨格. Flash 经典案例完美表现 200 例[M]. 北京：清华大学出版社，2008.

[13] 应届生求职网. 应届生求职简历全攻略[M]. 上海：上海交通大学出版社，2009.

[14] 数码创意. 数字印前完全手册[M]. 北京：电子工业出版社，2007.

[15] 雷剑等. Photoshop CS3 文字特效制作实例精讲[M]. 北京：人民邮电出版社，2008.

[16] 董旻. 专业级音乐制作理论与实践——Pro Tools 从入门到应用[M]. 北京：电子工业出版社，2008.

[17] 曾志华. 广告配音教程[M]. 北京：北京大学出版社，2007.

[18] 李宝安，孟庆昌等. 中文信息处理技术：原理与应用[M]. 北京：清华大学出版社，2005.